MELEE WEAPON

近战利器

利刃在手寒芒现

A Sharp Blade In The Hand

XI

丛书策划　李俊亭

丛书主编　丁　宁　姜志伟　编著　张际栋　徐雅倩

国防工业出版社
National Defense Industry Press

图书在版编目（CIP）数据

近战利器：利刃在手寒芒现/张际栋,徐雅倩编著.
北京：国防工业出版社,2025.--（武器装备知识大讲堂丛书）.-- ISBN 978-7-118-13609-8

Ⅰ.E922-49

中国国家版本馆 CIP 数据核字第 20251X1J58 号

近战利器：利刃在手寒芒现

责任编辑　刘汉斌

出版　国防工业出版社（北京市海淀区紫竹院南路23号　邮政编码100048）
印刷　雅迪云印（天津）科技有限公司印刷
经销　新华书店
开本　710mm×1000mm　1/16
印张　22
字数　365千字
版次　2025年6月第1版第1次印刷
印数　1—6000册
定价　88.00元

（本书如有印装错误，我社负责调换）
国防书店：（010）88540777　书店传真：（010）88540776
发行业务：（010）88540717　发行传真：（010）88540762

CONTENT ABSTRACT
内容简介

本书以通俗易懂的语言、图文并茂的方式，以追溯近战武器的起源开篇，以翔实的史料和讲故事的形式，生动形象地描绘出刺刀、手榴弹、榴弹发射器、火箭筒、便携式反坦克导弹、无后坐力炮、火焰喷射器等独属于步兵的近战武器的发明、发展和使用的立体画卷，解锁探寻单兵近战武器的终极奥秘，带你领略战场上的刀光剑影，品味剑走偏锋的独特魅力。

本书适合广大青少年、兵器爱好者、军事爱好者，以及关心国防事业的读者阅读和收藏。

开场白 Prologue

　　纵观古今，人类的历史在某种意义上是一部战争史，同时也是一部军事装备发展史。随着时代的发展和科技的进步，人类用武器的射程不断重写着"战场"的空间定义，人们对于"远"和"近"的概念进行了一次又一次的调整。

　　在冷兵器时代，弓箭的射程虽然只有数百米，但也是无可辩驳的远程武器，毕竟与刀、枪、剑、戟等传统的十八般兵器相比，其近百米的作战距离已是人类所能达到的极限。当时的近战武器作用范围仅有十几米。火药的出现，尤其是火炮的大范围应用，使得枪械成为步兵近战的首选武器。此时的单兵近战武器，作用范围从几米到几百米不等。

　　近代以来，轻型武器，也称轻武器，已经成为世界各国武器库中数量最多、用途最广的武器装备，主要用于步兵自卫和近战突击。其中，根据作战性能的不同，除枪械（本书不涉及）和伴随火炮外，还包括手榴弹、枪榴弹、火箭筒、喷火器等，作用范围从数米至数千米不等，但均可以列入近战武器的范畴。

与以前的步兵相比，现代步兵已经可以做到近可与敌赤身肉搏、中可鏖战碉堡堑壕、远可单挑"陆地之王"，倚仗的就是手中的"近战利器"。本书带你一起探寻"近战利器"的前世今生，揭开其神秘面纱。

编者
2025 年 5 月

CONT 目录
《 ENTS

1 枪尖上不朽传奇——刺刀 / 01

百兵之帅——刀 / 02
利刃出鞘——刺刀的演进 / 17
战斗民族的铁血利刃——AKM 刺刀家族 / 28
不列颠"拨火棍"——英国"恩菲尔德"系列刺刀 / 36
优秀的"刺"客——三棱军刺 / 45

2 步兵手中的重锤——手榴弹 / 52

以小博大——手榴弹的前世今生 / 54
战场夺命铁鸡蛋——德国 1917 式卵形手榴弹 / 63
威名赫赫——英国"米尔斯"手榴弹 / 72
致命的"柠檬"——法国 F1 手榴弹 / 80
可以煮咖啡的"布袋子"——英国 82 号手榴弹 / 85
各有千秋——木柄手榴弹 VS 卵形手榴弹 / 91

3 步兵手中的"火炮"——榴弹发射器 / 106

比手臂掷得更远——从枪榴弹到榴弹发射器 / 108
越战先锋——美国 M79 榴弹发射器 / 114
发射榴弹的大手枪——德国 HK69 榴弹发射器 / 124
"步榴合一"的先驱——美国 XM148 榴弹发射器 / 132

■ 呼啸刀锋尽显侠义之威　神剑所指世界随之翻转

"一次性"更有性价比——俄罗斯 GPR-20 榴弹发射器　/ 143
发射榴弹的狙击枪——美国"佩劳德"榴弹发射器　/ 153

4　反装甲神器——火箭筒　/ 164

步兵与坦克的较量——从穿甲弹到火箭筒　/ 166
催命"小长号"——美国"巴祖卡"火箭筒　/ 173
纳粹黑科技——德国"铁拳"火箭筒　/ 185
不易驯服的骡子——英国 PIAT 反坦克发射器　/ 201
老树开新花——苏联 RPG-7 火箭筒　/ 213
老兵不死——美国 M72 火箭筒　/ 229

5　"陆战之王"克星——便携式反坦克导弹　/ 238

坦克"终结者"——美国"标枪"反坦克导弹　/ 240
西方坦克的噩梦——俄罗斯"短号"反坦克导弹　/ 254
间瞄打击的先驱者——以色列"长钉"反坦克导弹　/ 266

6　步兵好伴侣——无后坐力炮　/ 276

别具一格——苏联 SPG-9 无后坐力炮　/ 278
萨博的经典之作——瑞典"卡尔·古斯塔夫"无后坐力炮　/ 289

CONTENTS 目录

7 碉堡终结者——火焰喷射器 / 300

失传的神秘武器——希腊之火 / 302
嗜血的"甜甜圈"——德国"韦克斯"火焰喷射器 / 308
日军的噩梦——美国 M2 火焰喷射器 / 316
丛林毁灭者——美国 M202 燃烧火箭发射器 / 326
步兵克星——俄罗斯"什米尔"单兵云爆火箭筒 / 335

枪尖上不朽传奇——刺刀

刺刀又称枪刺，是装于单兵长管枪械（如步枪、冲锋枪）前端的刺杀冷兵器。作为步兵手中的"最后一道防线"，刺刀按照结构可分为刀体和刀柄两部分，按照形状可分为片形（刀形或剑形）和棱形（三棱或四棱）两种，按照与步枪连接方式可分为能从枪上取下装入刀鞘携行的分离式和铰接于枪侧的折叠式两种。其中，分离式刺刀多呈片形，刀长通常为20～30厘米，有的刀背刻有锯齿，并能与金属刀鞘连接构成剪刀，具有多种功能。经过不断的发展，现代意义上的刺刀大部分都是多功能的，不仅可以用于步兵间的白刃格斗，也可作为战斗作业的辅助工具。

早期的刺刀和枪械的关系与现代相比也有着显著的不同，早期刺刀比枪械本身的实战价值还要更高一筹，而后逐渐演变成了枪械的"配件"，从"主角"变成了"配角"。现代战争中，由于自动手枪和突击步枪的大量装备，即便在近战中士兵们的首选也并非只有刺刀一个选项。现代突击步枪的枪身普遍较短，即使安装了刺刀，步枪加刺刀的组合也难以作为合适的拼刺武器。因此，刺刀作为一款近身搏斗武器是否应该继续保留，遭到了许多专家的质疑。这种争议在20世纪70年代至80年代达到了顶峰，世界主要国家纷纷取消了士兵的刺刀格斗训练。但是冷战结束后发生的一系列国家和地区冲突表明，刺刀的地位和作用虽然不像第一次世界大战和第二次世界大战时期那样显著，依然还是现代步兵不可或缺的一款武器。

目前，世界上大多数国家的军队均在自动武器的配件中保留了刺刀。随着现代战争面貌的变化，作为近战武器中"最贴身"的存在，刺刀永远是步兵近战不可或缺的一个选项。尤其是在敌人靠近步兵身体的1～2米的范围内，还没有任何武器能够填补这个距离的空白。

从某种意义上而言，尽管刺刀的作用与地位在现代战争中已有所弱化，但它作为一种传统且具有象征意义的武器装备，永远不会完全消失。其历史价值、战术功能，以及在特定场景下的实用性，确保了其在军事装备体系中仍占有一席之地。

百兵之帅——刀

作为冷兵器时代最广泛应用的武器，刀被誉为"百兵之帅"。刀是整个人类战争史应用最广泛的一种冷兵器，可长可短，可攻可守，以适应各种战争环境下实战的需要。古今中外，只要有人类生存过的地方，都有"刀"这种武器的身影，就连民间所说的"十八般武器"，刀也是"榜首"般的存在。

刀的基本用途是毋庸置疑的，中国古代名篇《释名》提到"刀，到也，以斩伐到其所也"，《玉篇》说刀"所以割也"，这些历史资料都简明扼要地道出了刀的基本用途。

明代《出警入跸图》中所绘的偃月刀

人类使用刀的历史极其悠久。中国民间传说中，上古神话时代的始祖蚩尤发明了刀与剑。《事物纪原》记载："刀之制，黄帝与蚩尤战即有之。"《龙鱼河图》曰："黄帝时，蚩尤造立刀戟。"《郭宪洞冥记》曰："黄帝采首山之铜，始为铸刀。"神话传说固然不可当成严谨的科学依据，但是这也从侧面反映了"刀"这个武器在史前已经存在且被人类大量使用。

根据科学家的考证，人类正式用刀的历史可追溯到290万年前的智人时期，当时人类处于石器时代。人类最早使用的"刀具"是利用贝类锋利的壳磨制而成的"蚌刀"，之后慢慢演变成了石制刀具。但是从严格意义上来说，石质的刀具才能真正称得上是"刀"。

新石器时代由蚌壳磨制的蚌刀（有孔便于穿绳携带）

最早的刀是由早期智人使用燧石或黑曜石制作的，这些刀有多种用途，如狩猎时制服猎物、切割食物、制作皮革、在战斗中充当武器，等等。

新石器时代的木柄燧石刀

　　随着科技的发展，人类开始了"刀耕火种"的农耕生活，制作石器的水平有了大幅提高。古埃及人在公元前 5000 年左右制作了工艺已经非常成熟的燧石刀。他们不但了解不同石材的特性，还更加注重其形状的打磨，并刻意制作了刀柄的样式，一柄完整的"刀"的形状也由此定型，在之后相当长的历史时期内都没有大的改动和变化。

古埃及燧石刀

古埃及燧石象牙刀

　　石刀自然比贝壳制作的"刀"要好上很多，可以做得十分锋利，但材质本身决定了其易于折断的特性。虽然在新石器时代的后期，古人制作石刀的技术已经非常娴熟且精密，打磨得更加锋锐和美观，但是自从赫赫有名的青铜器出现在了人类的历史中，属于青铜的时代到来，石制刀具逐渐退出了历史的舞台。

新石器时代手工打磨的精美石刀

商代青铜刀

在青铜时代（公元前3000年—公元前1000年），青铜最主要用途之一就是制作刀具。公元前3000年左右，人类开始使用青铜材料制刀，青铜刀比石刀更锋利，更易于制作，也更轻便且易于携带。最重要的是，金属的应用可以使得"刀"这种武器得以批量生产，便于大规模装备和使用。毫不客气地说，青铜的大量应用是一个划时代的创举，大大提升了人类利用自然资源的能力。

时代不会停滞不前，而是继续向着更强的未来发展。随着人类科技水平的进步，尤其是高温加工技术的不断提升，"铁"这种金属的开采和冶炼逐渐得到了普及。随着铁器大量地进入人类的历史，属于人类的铁器时代（公元前1000年—公元1000年）来了。

铁器时代是人类发展史中一个极其重要的时代。人类最早发现和使用的铁是从天空中落下来的陨铁。陨铁是铁和镍、钴等金属的混合物，含铁量较高。铁在自然界分布极广，是地壳的重要组成部分，但天然的纯铁在自然界几乎不存在。铁矿石的熔点较高，又不易还原，人类利用铁要比铜、锡、铅、金等要晚很多。当人们在冶炼青铜的基础上逐渐掌握了冶炼铁的技术，铁器时代就到来了。

到了铁器时代，铁制刀具一直是那个时代最重要的武器。在那个时代，世界各地都有名刀留传后世，西方的罗马军刀和东方的环首刀就是其中的佼佼者。

罗马军刀是罗马帝国士兵必备的武器，由高碳钢制成，直身，有长有短，刀身很宽，不易折断。配上盾牌，攻守兼备。随着罗马帝国的东征西讨，罗马军刀在世界历史上留下了浓墨重彩的身影。

罗马军刀

与之相对的，环首刀的出现，是人类武器史上的一个重要的里程碑。环首刀始发于西汉，对抗匈奴的西汉骑兵对环首刀的发展发挥了非常重要的作用。西汉大规模的骑兵驰骋北方战场，主要是使用兵器劈砍杀敌，原有的剑难以适应这种需要，急需寻找更加适合劈砍的兵器，环首刀恰好能适应这种作战的需要。现代出土的西汉时代环首铁刀，一侧有刃，另一侧为厚实的刀脊，没有了剑的长锋，利于劈砍且不易折断。西汉铁刀直脊直刃，外形尚有剑身的形状，刀柄末端做成环状，故称环首刀或环柄刀。

环首刀的面世使刀的发展达到了一个新的时期。敦煌莫高窟第285窟壁画《得眼林故事》中就有步兵手执刀持盾与重甲骑兵作战的情景，其中步兵所用的武器便是大名鼎鼎的环首刀。

汉代环首刀

东汉时期，环首刀开始大量装备军队，一般长 1 米左右，是那个时代最优秀的近战兵器。随着时间的推移，刀的制作材料和制作工艺不断进步，从青铜到铁器的每一次变革都带来了刀的革新，而人们对于金属材质利用水平的不断提升也为刀的发展带来了不少的改进。

东汉环首刀图谱

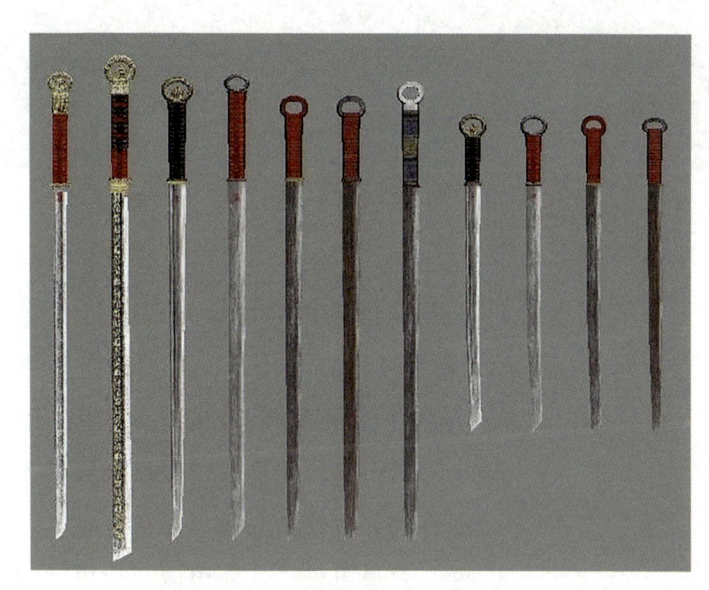

唐宋时期，刀的制作工艺达到了一个新的高度，唐刀以其锋利和美观著称，而宋刀则更加注重实用性和耐用性。其中，唐朝出现的陌刀达到了人类制刀历史中的一个峰值，长度均在 1.3 米以上，有的甚至可以达到恐怖的 2.3 米，主要用于装备重装步兵，主要的作战对象是敌人的骑兵。

"陌刀"有多种释义。有的学者认为陌刀是音译的汉代的一种名为"拍髀"的长佩刀；有的学者从唐

唐朝陌刀

朝李度墓志铭考证认为"漠釖清霜"中的"漠"通"陌","清霜"用于形容刀的坚韧与锋利;有的学者认为陌刀是字面的直义,就是野外作战用刀。

陌刀盛行于唐代,由汉代环首刀发展而来,但外观有较大改变,去掉了环首,延长了刀柄,可双手持握,刀身更长,从而可以获得更远的攻击距离。在所有历史记载中,陌刀的战力只能用"威名赫赫"来形容。根据历史记载,唐朝的陌刀极为锋利,实战之中砍杀效果极佳,是骑兵的"克星"。这也是在攻打周边游牧民族的骑兵时,唐朝几乎没有败绩的一个重要原因。

下砍马腿、上砍重甲、战绩优异的陌刀打造起来极其复杂,造价也极其昂贵。重装步兵手持陌刀对付骑兵,敌人的骑兵几乎是被砍得人马俱碎。

根据历史记载,隋末临济(今山东章丘)人阚棱善用陌刀，"长一丈，施两刃""每一举，辄毙数人"；安史之乱时，束鹿（今河北束鹿）人张兴持陌刀，"重十五斤""一举刀，辄数人死"。史书这些描述均说明其有较长的刃部，杀伤范围相当大。

陌刀参与的最著名且惨烈的一次战役，就是发生在公元757年，唐朝的香积寺大战，那场大战甚至直接影响了整个人类历史的走向。那是唐肃宗至德二年，安史之乱的第三个年头，唐军官兵与安史叛军对峙于香积寺，大战一触即发。那时，安禄山已经被他的儿子安庆绪杀死，安氏集团内部陷入混乱，这是从叛军手中收复长安的最好时机，这一战役的成败关乎大唐帝国的命运。

唐军统帅郭子仪的前军将领李嗣业是安西军团最后的骄傲，他带领的2500名唐军步兵是安西军团幸存的最后的陌刀队，也是统帅郭子仪最后的底牌。根据历史记载，李嗣业专精陌刀，刀法高超，号称"当嗣业刀者，人马俱碎"。

战斗很快打响。叛军大将李归仁亲率上万精锐骑兵向唐军大营发起冲击，经过数番混战，最终撕开了唐军固若金汤的防线，并直逼中军大营，一旦这里被破，整个唐军士气将被彻底击溃。此时，李嗣业一把扯掉盔甲，袒露上身，挥动陌刀，直冲阵前，一刀劈往冲向他的叛军骑兵，将其连人带马斩为两段。在他身后，陌刀队列阵而出，组成如同刀墙一般的方阵，将不可一世的叛军骑兵斩于马下。唐军稳住阵型，最终歼灭近6万叛军，夺回长安。陌刀之威，可见一斑。

可惜的是，目前整个考古界还没有出土陌刀原型，只能根据历史记载的样式和唐朝横刀的基本样式进行融合，想象一下这种威力巨大的长刀的样子。

唐朝可以称得上我国刀剑史上的巅峰时代，随后的朝代虽然都有所创新，但是形制和工艺却都没有了质的飞跃，随着热兵器时代的来临，"刀"这个传统的武器逐渐被历史所淘汰。不过，刀并未彻底消散在风尘之中，而是以另一种方式在战场上传承了下来，那就是与热兵器融合在一起的刺刀。

人们提到刀的时候，经常会把剑和它放在一起讨论，俗称"刀剑不分家"。刀剑并非不分家，尽管外形差异不大，但刀和剑本质上是不同的兵器。相较于刀的历史和应用，剑作为兵器在战场上的实用性相对较低。

剑是中国古代一种重要的近战冷兵器，其形制特点是：直身、尖锋、两刃，后接短柄并大多配有剑鞘。一般单手握持，主于击刺，古人称之为"直兵"。在中国，剑的历史可以追溯到商代，当时北方草原地区的游牧民族使用的是一种曲柄式青铜短剑（铜羊首剑）。

西周时期，在黄河流域和长江流域都出现了与北方草原地区流行的剑有明显区别的早期青铜剑。这些青铜剑器身短小，长 30 厘米左右，不便实战，但可随身佩带，用于个人防卫。由于它们的形制与成熟的东周青铜剑之间存在一定联系，因此有可能是中原古剑的始祖。

刀与剑的主要区别是：刀是一面开刃，剑是两面开刃；刀厚而重，剑薄而轻；刀可用来切、削、割、剁，剑可用来截、削、刺。二者的差异还是非常大的。随着人类使用金属的工艺不断提升，刀与剑在应用上的差异被不断地放大，并最终彻底分离。

人类最早使用的合金，就是青铜。相较于石器而言，青铜刀延展性更好，刀身可以制造得更加轻薄，刀刃也可以打磨得更加锋利，而各种文艺作品中提及的春秋战国时期的著名刀剑基本上都是青铜材质。

最早的青铜是铜和锡的混合材料。为了获得更大的强度，人们巧妙地在刀片设计上做了改进，就是把刀的中间加厚、突起，两侧形成斜角边缘，这样的设计使得刀刃的重量分布非常平衡，能够在保持刀身稳定的同时，大幅提高打击的冲击性和本身的切削能

荆轲刺秦王

力。后来在欧洲出现了一种叶形叶片式短剑，也具有非常好的切割功能。青铜制成的刀剑不仅更加灵活、坚硬、锋利，长度范围也逐步达到了 50～90 厘米。

相比于对天然石头的打磨，金属的冶炼程序复杂且烦琐，成本是一个绕不过去的"门槛"。这个时期，金属一般都用来"铸剑"而非"打刀"。例如，历史上著名的"荆轲刺秦王"，被誉为古代第一刺客的荆轲就是将"徐夫人匕首"藏在地图之中，一方面是为了隐藏，另一方面是因为材质和工艺的原因，"匕首"这种武器很难做得很长。匕首属于短刀，一般长 20 厘米左右，而当时的秦始皇佩戴的是长剑，秦剑一般达到 80 厘米左右。在故事中，手持短匕的荆轲追着手持长剑的秦王"绕柱而行"，秦王很难拔出剑反击。这个故事也说明在始皇帝时期，兵器之间的较量主要集中在"长剑"与"短剑"之间，那时"刀"并不是贵族们的首选武器。

在史书记载中，从先秦时期到秦汉时期，军队将领普遍佩戴的都是剑，很少有刀的记载，可见剑都是军队将领的近身武器。在先秦时期，青铜器还是比较稀少的，只有贵族子弟才佩戴得起这种材质的武器。到了战国晚期及秦汉时期，青铜的应用已经非常广泛，青铜剑也得以大量装备军队。

随着铁器时代的到来，铁制品开始大量应用，由于"刀"铸造简单、打磨方便、实用性强，因此在战场上用于近身肉搏的兵器逐渐演变成了以刀为主，剑逐渐演变成一种以仪仗为主的装饰品，退出了实战的舞台。

根据《古今刀剑录》的记载，东汉之前以剑为主，直至东汉才由于铸造工艺和实用性的差异，剑在宋代逐渐式微，最终被刀彻底取代。

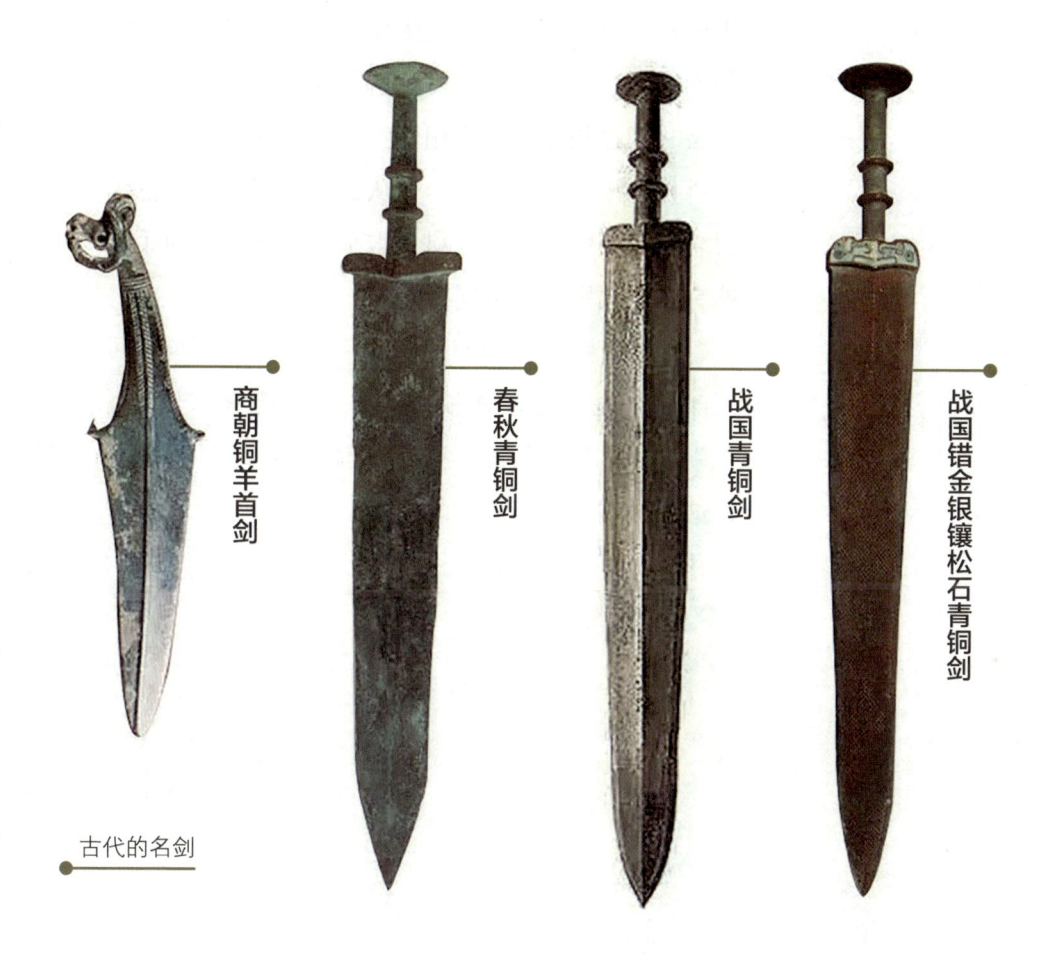

商朝铜羊首剑

春秋青铜剑

战国青铜剑

战国错金银镶松石青铜剑

古代的名剑

现代影视作品中提到的"名刀""名剑"，在记载和传说中均锋锐无匹，可以开山劈石、无坚不摧，就连出土的文物宝剑也是光亮如新，没有锈蚀，甚至可以将现代刀具一斩而断。这样的描述是既不真实也不准确的。对于文学、影视作品而言，夸张和虚构是艺术手法的一部分，但不能将其视为真实的历史文献。

也许会有人疑问：古代著名的刀剑既然享有如此的盛名，至少代表了当时的最高科技水平，即便不能开山劈石，也应是同时代最优质的刀剑代表作，为何它们无法与现代刀具相媲美？是否仅仅因为它们在土中埋藏时间过长而失去实用性？究其根本原因，在于人类科技水平的持续进步。仅从材质角度来看，古代名刀名剑已然落后于现代科技水平，由此制成的兵器自然有云泥之别，不可同日而语。

毫不客气地说，即使现代的一把菜刀"穿越"回秦汉时期，也会成为史书中可以"开山劈石""无坚不摧""吹发立断"的"宝刀"。世道必进，后胜于今，这是客观的历史规律。

利刃出鞘——刺刀的演进

刺刀，又称枪刺，也有人将其称为铳剑，是装于单兵长管枪械（如步枪、冲锋枪）前端的刺杀冷兵器，主要用于白刃格斗，也可作为战斗作业的辅助工具。

时间来到了现代，热兵器已经彻底取代了冷兵器，成为人类战场上的绝对主力。随着热兵器的发展，随之而来的不仅是各种技战术的调整和发展，就连"近战"这个概念也从原本刀锋或者长矛所能触及的范围，拓展到了枪械以及各种反装甲武器甚至防空武器的打击范围。作为人类最古老兵器之一的"刀"，没有因为科技的进步而彻底消亡，反而得到了长足的发展。

现代步兵所持武器的打击范围，已经可以达到远

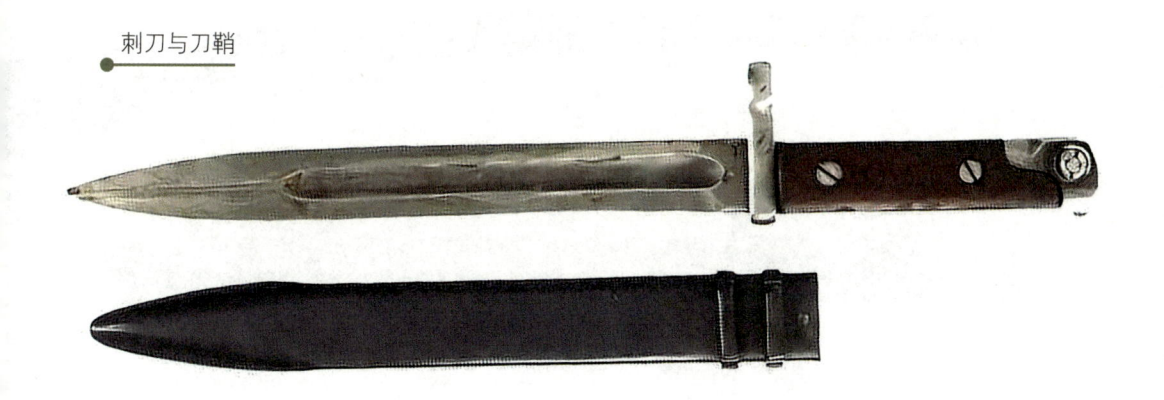

刺刀与刀鞘

至数千米（单兵防空导弹、反坦克导弹等），中至数百米（枪支、火箭筒和榴弹发射器等），近至数十米（手榴弹等），这是一个近乎圆满没有死角的火力打击体系。

若敌方突破多重防线，逼近至己方数米之内，则手榴弹的爆炸范围已足以对使用者构成误伤风险。在这样近的距离内，使用枪械需要一定的反应时间，无法立即投入战斗，这就产生了一个小小的"火力空白"，也是步兵火力的一块"短板"。

为了补齐最后的一块"短板"，聪明的人们终于找到了解决的办法，那就是在现代枪械上面加装一把简易的刀具，这样就诞生了冷兵器与热兵器完美融合的产物——刺刀。

比利时 M1889 步枪及刺刀

刺刀这种武器似乎并不显得多么高端——它仅仅是在枪管前端附加了一把刀。实际上，刺刀的技术含量可能远超人们的想象。

13世纪中叶，伴随着火枪的发明，世界各国军队中都出现了大批的火枪手。当时使用的是前装式的火枪，装填和发射一发弹药通常需要至少一分钟的时间，火枪手旁边往往需要有一名长矛手提供近距离保护，以防敌人士兵的袭击。当时，火枪手自己也需要在火枪射程之外，再配备一把刀剑或一支长矛用来防身。

根据《大明会典》记载，中国在明朝时（1451年）首次出现了在铁铳上安装矛头用于刺杀。这意味着，从将火枪与长矛的性能融于一身的角度看，刺刀的最早起源是在中国。直到100多年后的16世纪中叶，欧洲地区才出现了在猎枪上安装矛头用于刺杀猎物的记录。

关于真正意义上现代刺刀的诞生，主流的思想界有两种说法。一种说法认为，刺刀是由一位不知名的法国人于1610年发明的；另一说法认为，刺刀是由法国军官马拉谢·戴·皮塞居于1640年发明的。无论何种说法，均认为世界上第一把刺刀诞生在法国的小城巴约讷（Bayonne），因此，欧美的军队一直将刺刀称为"Bayone"（取自巴约讷的音译）。根据考证，这种早期型号的刺刀为双刃直刀，长约1英尺，锥形木质刀柄长约1英尺，可插入滑膛枪枪口。

巴约讷作为学术界公认的刺刀发源地，在武器界广为流传，但是真正被人们熟知却和武器本身没有任何的关联，而是作为法国南部的旅游城市，拥有著名的巴约讷狂欢节。这是一场始于1932年的传统盛会，通常在7月下旬至8月初举行，共持续5天，西班牙斗牛、当地舞蹈和音乐，以及城市守护神日的融合孕育了这一盛大的节日。

作为广泛流传至今的武器发源地，最终却因旅游城市而闻名于世，这无疑是历史独有的魅力。或许，这也是历史想要告诉我们，正是有了刀枪的守卫，花园的玫瑰才能真正地肆意生长绽放。

无论皮塞居是不是世界第一柄刺刀的发明人，他确实是在记录中最早将插入式刺刀装备部队的那个推动者。在1642年率军进攻比利时伊普尔时，皮塞居为手下的火枪手配备了世界上最早的插入式刺刀，不仅大大提升了火枪手的近战搏斗能力，而且无须单独的长矛手来保护脆弱的火枪手。

看似这么一个小小的发明，却解放了一名长矛手的编制，在没有增加员额的基础上，增加了部队的实际战斗力，使火枪手在紧急时刻也可以作为步兵使用，可谓是一举多得。法国军队战斗力得到了极大的提升，很快成为当时欧洲战场不可一世的"霸主"。正是因为使用刺刀之后战果极其显著，刺刀这种武器很快便在欧洲各国风靡起来。

早期的刺刀都是梭刀式的，因为早期的火枪只能装填一发弹药，重新装填需要较长的时间，因此在火枪发射弹丸之后，火枪手会把刺刀装上当成长枪使用。由于刺刀柄是通过插入枪管来固定，因此完全排除了再度发射的可能性。此种刺刀被称为插入式刺刀。

MELEE WEAPON ★ 枪尖上不朽传奇——刺刀

21

刺刀的诞生地——法国巴斯克地区的首府巴约讷

17世纪的法国刺刀

这一时期的刺刀战术有两个特性：一是刀和枪是不相容的；二是刺刀的地位和枪相等，从实战中的应用来看，刺刀的地位反而还要更重要一些。1703年11月15日，在德国西部的斯拜尔巴赫河会战中，法国步兵首次装上刺刀进行冲锋，一举战胜了普鲁士军队。从这以后，刺刀作为一种制式装备被广泛装备欧洲各主要国家的军队，长矛逐渐从士兵装备中被彻底淘汰。

当时，刺刀与火枪是互相排斥的。使用火枪射击时，刺刀就无法使用；加装刺刀之后，火枪便也无法射击。随着时代的演进，有人意识到火枪和刺刀不需要互相排斥，由此发明出了套在枪管外的套筒型枪刺，这种枪刺在枪管外有一个突起的卡榫，在套上刺刀后扭转入套筒的凹槽固定。

随着枪械技术的演进，刺刀已经成为辅助的战斗工具，外形大为简化，甚至在一些极端的设计师手中只是一条有着尖锐顶端的金属棒。为了不影响射击的精准度，其位置多是偏向枪口一侧的，以便火枪手在装上刺刀后仍能由枪口装填弹药。

肉搏战在18世纪的战场上已经不多见了，士兵伤亡大多是由枪炮造成的。根据战场记录显示，在1709年的马尔普拉凯战役中，法国军队中有约2%的伤亡是由刺刀造成的，而这场战役也是西班牙王位继承战争中最为血腥的一次。虽然刺刀在战役中发挥的作用没有那么显著，却向全世界证实了自身的价值。经此一役，刺刀的作用变得日益重要，并逐渐成为武器装备的一部分。1786年，英国威廉·福赛特爵士将国王赠送的两支火枪奉还给乔治三世，表示"遵照陛下的指示，已为火枪加装专供轻步兵使用的刺刀。"

标准的多用途刺刀

MELEE WEAPON ★ 近战利器 利刃在手寒芒现

法国军队装备的 HK416F 突击步枪和刺刀

　　1750 年以后，出现了一种采用弹簧卡笋与枪械连接的刺刀。这种刺刀用类似于刀把的手柄代替了原本固定的套筒，依靠弹簧制动装置将刺刀固定在枪口一侧的凸笋上。这类刺刀多在护手处设有枪口环，用以增加刺刀与枪连接的可靠性，其刀身设计比较灵活，从枪上取下后可用作匕首，更便于握持。1855 年后这类刺刀开始被许多国家接受，并被加装在不同型号的步枪上，一直延续至今。

　　在刺刀与枪的连接方式不断改进的同时，刀身形状开始向多样化发展，并陆续出现了一些兼具其他用途的多功能刺刀：有些刀身是单刃的和双刃的，可用作单兵匕首；有些刀身上开有锯齿，可以锯割物体；有些刀身与刀鞘配合可用作剪刀；有些刀身带重型刀片，可用作砍刀；还有些刀身制成铲形，可用来挖土沟，等等。

世界各国军队对刺刀进行了许多的改进和完善。20 世纪 50 年代后期，随着步枪的自动化和战场上各种火力密度的增加，刺刀的作用和地位日趋下降，但它仍是步兵进行面对面格斗所不可或缺的利器。80 年代以后，刺刀重新受到各国军队的重视，英、美等国家研制并装备了新式刺刀。新式刺刀在保留拼刺功能的同时，重点突出了多功能的属性，除了能刺、切、割、锯外，还增加了剪铁丝、开罐头、起螺钉等功能。与此同时，供空军、海军、特种兵等军兵种使用的多功能匕首（救生刀）也得到了发展。

56 式剑型刺刀，俗称 56 式扁刺

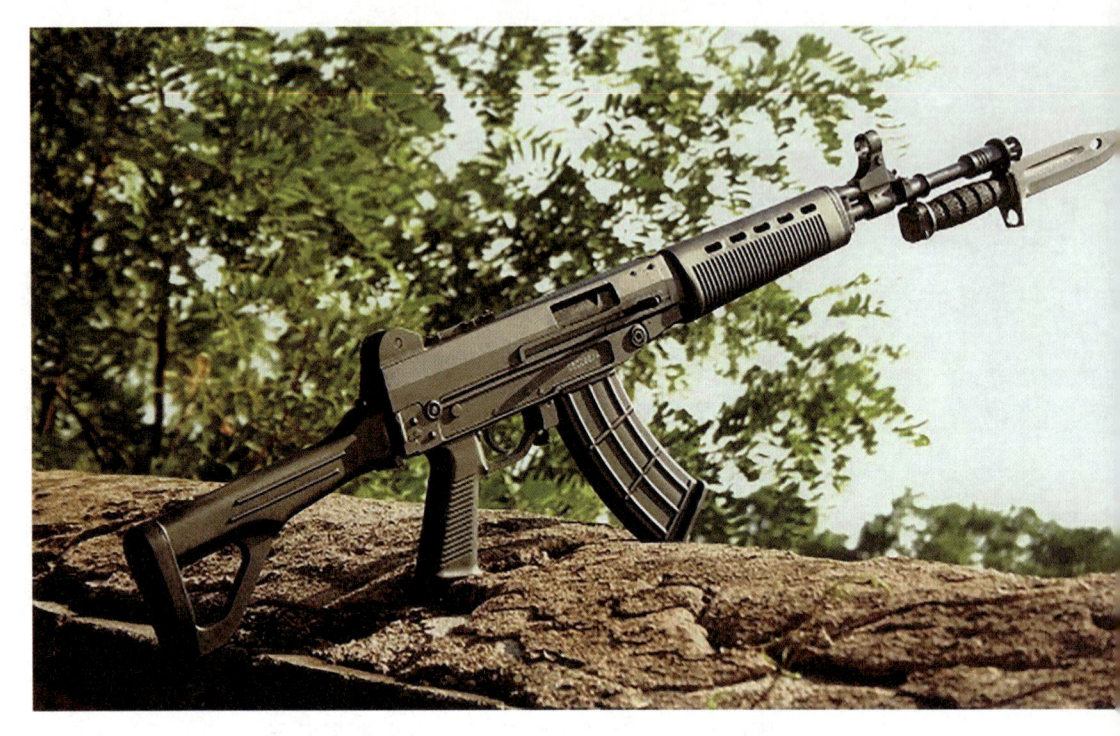

03式突击步枪配95式多用途刺刀

　　刺刀在实战中大规模运用且取得战果的战例，在漫长的人类战争史中时有发生。在1982年英阿马岛战争中，英军夺取斯坦利港外围高地的龙丹山阵地时组织了一次夜间刺刀冲锋，最终以29名英军、50名阿根廷军人死亡的代价拿下了阵地控制权，从而奠定了俯瞰斯坦利港阿根廷守军的胜利局面。

　　2004年5月，在伊拉克巴士拉以北地区，一支英军巡逻队遭遇了上百名武装分子伏击，最终也是以一场刺刀冲锋逆转了不利战局，以少胜多，击溃了五倍于自己的民兵武装。

2017年7月2日，英国《每日星报》报道称，英国特种空勤团小队在伊拉克摩苏尔附近执行情报收集任务，遭遇50名"伊斯兰国"成员武装伏击。双方进行了长达4个小时的交火，英国士兵打完全部子弹，开始用刺刀与敌人搏杀，最终迫使残余敌人溃逃，只有2名士兵受轻伤，英国特种空勤团小队成员全部存活。

这些鲜活的战例距离现在都不算遥远，充分证明刺刀从未真正退出实战的舞台。

95式突击步枪配95式多用途刺刀

战斗民族的铁血利刃——AKM 刺刀家族

AKM 系列突击步枪刺刀，是 1959 年苏联在 AK-47 步枪刺刀基础上改进研制的世界第一款多功能刺刀，可兼作匕首用，被称为世界多功能刺刀的鼻祖。

世界各国都有自己设计制造的刺刀，在造型各异、功能多样的刺刀中，若说究竟哪一种最好用，只能说仁者见仁智者见智。虽然没有官方的数据比对和实战的比拼结果，但是没有一款刺刀能真正令所有的使用者都满意。不过，被很多人公认"世界上最成功的刺刀"还是有一款的，这就是苏联 AKM 系列突击步枪

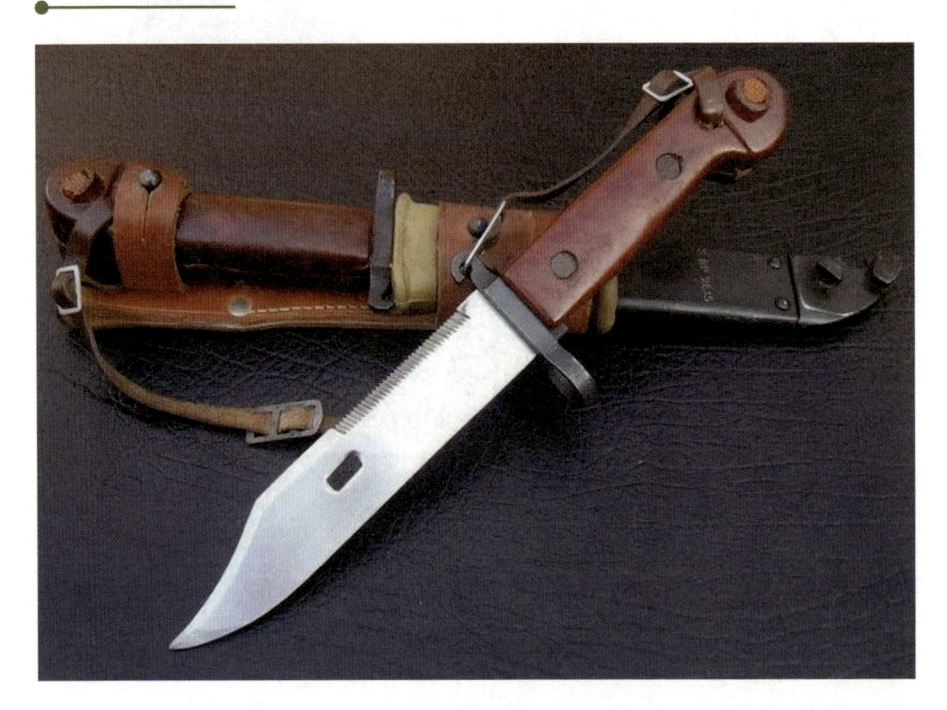

AKM 突击步枪刺刀

AKM 刺刀

刺刀,也被人们亲切地称为"战斗民族的铁血利刃"。

AKM 系列突击步枪刺刀,主要是指苏联 AKM 式 7.62 毫米和 AK-74 式 5.45 毫米突击步枪上的刺刀,它们被很多人认为是当今世界最为有效的刺刀,因为其在设计、结构及使用性能上都比较成功。

AKM 系列刺刀的刀刃都是采用坚硬且耐腐蚀的高级工具钢制成的,不仅可以作为"刀"单独使用,还可以通过刀背上的槽与刀鞘上的驻笋互相配合,作为"剪丝钳"使用。此外,其刺刀的刀柄和刀鞘是用绝缘材料制成的,剪高压线时可有效防止电击,刀刃上有一段锯齿用来锯重型材料,是人类历史上第一款真正意义上的"多功能刺刀"。当然,这种刺刀也有其固有的缺点,那就是其刃部镀铬、寒光闪闪,容易

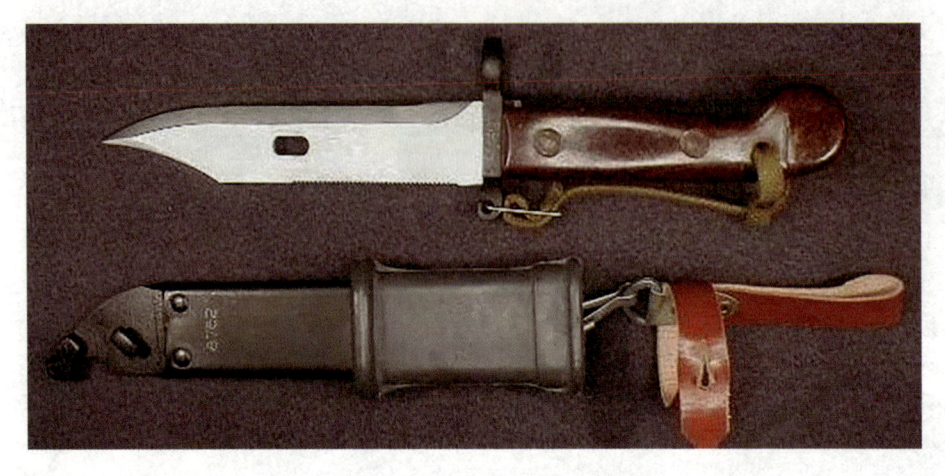

突击步枪刺刀

因反光而暴露目标。还有人认为，这种刺刀本身过钝，拼刺时还要将整支步枪的重量也利用上，否则穿刺性不足。

AKM系列突击步枪刺刀是典型的匕首型刺刀，其为单刃，无血槽，刀口较钝，刀身上有锯齿，横挡护手上有枪口环，刀柄端部有一按钮，用于与枪连接。刀鞘和刀柄夹板的材料均为玻璃钢。整个系列的发展主要有3个阶段。

第一个阶段生产的AKM刺刀，被称为Ⅰ型刺刀，苏联在AKM突击步枪正式服役之后就开始配发匕首型刺刀。Ⅰ型刺刀最明显的特征就是圆球形的刀柄尾部。刀鞘上有橡胶绝缘体，士兵可直接握持。若将刀身上的椭圆形定位孔与刀鞘背面的金属定位销压合，就可以直接剪切电线和铁丝网。

Ⅰ型刺刀生产年份为1959年到1968年，主要是由图拉兵工厂和伊热夫斯克兵工厂生产，其中：图拉

Ⅰ型刺刀

兵工厂生产的刺刀刀鞘上有五角星标记，做工较为精致；而伊热夫斯克兵工厂生产的刺刀标记是一个三角形中间有一支箭，做工略粗糙。

第二个阶段生产的AKM刺刀，被称为Ⅱ型刺刀，也是苏军1969年前后开始装备的第二代刺刀。其最大的特点就是将Ⅰ型刺刀刀柄尾部的圆球形尾端改为方形金属尾端，使得刺刀固定在AKM突击步枪的刺刀卡笋上更为牢固，同时刀背的锯齿和刀刃形状也有细微变化。此外，将Ⅰ型刺刀的金属带绝缘体的刀鞘换为电木树脂刀鞘，因此不用再包裹绝缘体。

第三个阶段生产的AKM刺刀，被称为Ⅲ型刺刀，是1984年苏联推出的最后一款改进型刺刀，作为枪械附件配发给AK-74和SVD的使用者。这款刺刀采用了尼龙和工程塑料混合制造的带凸纹的刀柄，刀柄和刀身、枪环一体均为热压成型，刀鞘则由全黑的工程塑料制作。刀身采用的流线型血槽从刀尖开始，一直拉到刀柄位置，最大限度保留刺刀穿刺性能的同时增强了杀伤力。

Ⅰ型、Ⅱ型、Ⅲ型刺刀共同构成了AKM刺刀家族，是最早将刺刀往多功能化方向发展的系列产品，其最大的特点是挂在AK系列步枪上之后刀刃全部向上。刺刀刺入人体后，苏军士兵一般都会做一个向上挑刺的动作，瞬间将敌人创伤最大化，威慑力和杀伤力堪称一绝。这些闪着寒光的刺刀随着大量的AK步枪投入到全世界的各个战场，对世界各国的刺刀设计和发展都造成了极其广泛的影响，可谓意义深远。

在苏军首次推行Ⅱ型刺刀时，为了加强与枪口的结合，取消了上一代型号的球根状握柄，改为用2片电木塑料侧板包覆、尾端为钢质的板状握柄。正是由于这一设计，许多士兵将其"不务正业"地用作敲钉子的工具。

除了苏联的"官方"版本，AKM系列刺刀还有

Ⅱ型刺刀

MELEE WEAPON ★ 枪尖上不朽传奇——刺刀

改进后的Ⅲ型刺刀

华约国家、中东国家等多种授权版本，AKM步枪及其系列刺刀达到了其他同型产品无法逾越的极高产量，并深度参与了20世纪60年代后几乎所有的局部战争。在越南的热带丛林中、苏伊士运河两岸的漫天黄沙里、阿富汗山区的炙人烈日下、科威特油田的滚滚浓烟下、格罗兹尼废墟的血腥与火光中，都有它们不屈的身影。

20世纪80年代开始生产的Ⅲ型刺刀，有一个特别款，改进了握把形状并换成玻璃填充的PA6S-

MELEE WEAPON ★ 近战利器 利刃在手寒芒现

AKM 刺刀装上刺刀座时刀刃是向上的

特制的 Ⅲ 型刺刀

211DS 聚酰胺材质。该刺刀除苏联外只有保加利亚生产，可以说是特制的 Ⅲ 型刺刀。

没有对比，就没有伤害。相对于苏军，美国军队直到 1986 年才装备第一款功能与 AKM 刺刀相当的 M9 型刺刀，落后了整整 27 年。此前美军所用的 M7 刺刀，更是被美军士兵们讥讽为"除了杀人，啥用都没有"。

今天，越来越多收藏者和越野爱好者把目光放到了 AKM 系列刺刀的身上，因为比它们优质的产品价格太高，同等价格的产品不是质量太差就是功能不实用。他们购买这款刺刀的目的，不是为了"杀人"，可谓"除了杀人，什么都干"。诞生于硝烟中的工具，却在和平年代被赋予新的使命并发扬光大，或许这就是历史开的一个玩笑。这恰恰印证了一句话，真正的好东西永远是历久弥新、永不过时的。

现在看来，AKM系列刺刀之所以能够获得如此广泛的赞誉，一方面它是世界上最早的多功能刺刀，另一方面它首次采用了"刀＋鞘＝剪"的创新结构，为刺刀设计开辟了一条全新的发展路径。这一设计理念对全球多用途刺刀的设计产生了深远影响，成为后续同类产品的重要参考与借鉴。

AKM刺刀可取下作剪丝钳

不列颠"拨火棍"——
英国"恩菲尔德"系列刺刀

英国的 1907 式"恩菲尔德"刺刀，是一款典型的剑形刺刀，是一款虽然没有多么优秀却值得被人们铭记的武器。它的历史最早可以追溯到 17 世纪，它的出现与发展深刻地反映了几个世纪以来步兵刺刀在长度、形状和风格上的发展与改进。

自从世界上第一款刺刀被法国人应用于战场，在第一次世界大战以及之前的各个战役中，拼刺刀成为各国步兵最重要的战术动作。与此同时，刺刀的形制也一直在发展和改进。

英军士兵手持安装 1907 式刺刀的步枪

带钩形护手（上）和内置切线器（下）的 1907 式刺刀

1903 年，英国军队在引入"恩菲尔德"短步枪的同时，也引入了一种 12 英寸双刃剑形刺刀，与"麦特福德"步枪的 1888 式刺刀非常相似。对当时的短步枪来说，刺刀作为肉搏战中的"延伸产物"是无法放弃的。对于"恩菲尔德"军用短步枪所配装的 1903 式刺刀，很多英军士兵认为它的长度太短，在战场拼刺时无法刺到对方。为了能使短步枪达到"恩菲尔德"长步枪的性能，避免在白刃战中吃亏，就必须增加刺刀的长度。正好此时日本军队出现了一款名为"阿里萨卡"的长刺刀，受此启发，英国人研制了 1907 式刺刀。

1907 式刺刀是一种单刃剑形长刺刀，长达 55 厘米，护手上带有一个枪口环，可以安装在枪口上。早期生产的护手下端带有护手钩，便于在拼刺中抓住敌人的刺刀，虽然看起来这种设计非常精妙，但在实战中效果并不明显。到了1913年，英国取消了这种护手钩的生产。去掉护手钩继续生产的1907式刺刀横挡护手和最初设计有了明显区别。

在讨论任何一款武器时，不能忽视那个时代的科技发展水平。1907式刺刀出现的时候，世界上大部分刺刀都采用手工制造，对原材料、规格、工艺上都有严格的要求。刺刀必须经过弯曲度与击打测试后才能装备部队，如果不合格品达到四分之一，那么整批刺刀都会被军队拒收。

1907式刺刀大多是在1914至1918年间由威尔金森公司生产的，总产量超过250万把。其他生产商包括恩菲尔德、摩尔、维克斯、桑德森、查普曼，等等。这些厂商都会将自己的标记刻在刀刃的护手上。其他印记包括接收时间、生产时间、检查员印记与配发的团队等。例如，刺刀护手刻有"617"，则表示该刺刀为1917年6月生产。

1907式刺刀作为长刺刀的典型，在步兵方阵阅兵时具有非常强的视觉冲击力，但经过实战检验发现，长刺刀在现实中没有设计得那样实用，尤其是装在步枪上之后，不仅会降低枪支的射击精度，还会使步枪难以稳定握持。与敌人进行刺刀格斗时，1907式刺刀穿透能力较弱，加上其生产工艺相对复杂，尤其是在血槽的生产上，就连威尔金森公司也认为十分烦琐。

外国美女手持上有1907式刺刀的"恩菲尔德"步枪

1907式刺刀使用了刀背抛光技术,但这种技术在第一次世界大战中发现并不实用。作战时,尤其是在阵地战中,这种抛光的刀背会因夜间反光而暴露自己,于是英国军方就对1907式刺刀的刀背进行了变黑处理。

英国军方下达指令,若刺刀粘在敌人身上,则建议士兵用脚踩在刺中的敌人身上以便于将刺刀拨出,这个"标准操作"被一线士兵认为不仅麻烦且浪费体力。当作为手持武器使用时,这种刺刀也不实用,执行巡逻、突袭任务的英军士兵更喜欢直接使用刀、棍棒和指节套等武器,而不是难以握持的1907式刺刀。

由于"不实用",1907式刺刀最广泛的应用是当作拨火棍、沟壁钉和钩子,几乎都用在"生活琐事"上,因此也有人戏称其为"不列颠拨火棍"。

任何一种武器都有属于自己的历史背景。在第一次世界大战交战国中,英国军队的1907式刺刀基本可以算是最长的一款刺刀。虽然刺刀在近战中难以发挥多么有效的作用,在堑壕战中,交战双方容易陷入混战状态,此时采用刺刀要比步枪更安全,因为步枪子弹在穿透敌人后可能会误伤队友,白刃战则可以在敌军中引起恐慌,并促使他们撤退或投降。在部队前进时,刺刀可用来解决路上的敌军伤员,不仅可以节约弹药,还减少了后背遭受攻击的概率。一寸长一寸强,较长的刺刀确实是有一定的历史意义的。

无论如何,鉴于1907式刺刀在实战中表现不佳,英国军方到了第二次世界大战末期不再继续生产。虽然实战效果也很难说得上优秀,但1907式刺刀作为英国军事装备发展历史上的一款经典武器,具有不可替代的地位。

在第二次世界大战中,也有中国军队使用1907式刺刀及"恩菲尔德"步枪的记载。根据《租借法案》,中国曾获得4万支美国萨维奇轻武器公司生产的"恩菲尔德"步枪并装备远征军。在战争题材的电视剧《我的团长我的团》中,有远征军士兵使用"恩菲尔德"步枪及其刺刀的镜头,这是符合历史事实的。只是这种步枪的口径与当时中国的7.92毫米制式口径有差别,子弹还得单独供应,后勤补给困难,

《我的团长我的团》中团长手持"恩菲尔德"步枪进行射击

再加上刺刀本身的缺陷，固定不太牢靠，在中国军队中的应用并不广泛。

由于1907式刺刀的缺点十分明显，英国军方进行了大量的改进。1939年，英国军队推出一款名为4号Mark.I型的步枪刺刀。该型刺刀的棱锥形刀刃部分开有3个血槽，刀刃后部安装有可以固定的模块，用以替换实战价值不高的手柄。

由于4号Mark.I型步枪刺刀的刀刃部分的3个血槽加工工艺相当烦琐，面对敦刻尔克大撤退后的惨状，英国军方要求尽可能简化生产工艺。通过试验确认，设计师认为取消刺刀刀刃部分的3个血槽对刺刀的强度、穿透能力不会有太大影响。因此，省略了3个血槽的新刺刀于1941年成为英军制式武器，被命名为4号Mark.II型刺刀。

MELEE WEAPON ★ 近战利器 利刃在手寒芒现

L85A1 突击步枪刺刀

到了 1985 年，英国军队装备了 5.56 毫米 L85A1 突击步枪，并专门为其研制了一款新式刺刀。这款新式刺刀虽然在功能上和 1907 式刺刀已经完全没有任何相似的地方，但是作为英国军队的新式刺刀，从某种意义上来说，L85A1 突击步枪刺刀依然可以视为 1907 式刺刀的传承和延续。

L85A1 突击步枪刺刀的刀身由不锈钢整体铸造，强度高，单刃，刃部开有血槽，根部位置有一段 50.8 毫米长的带齿刃口，可用于割断绳索。刀柄采用尼龙

L85A1 突击步枪刺刀

材料制成，其上有一个简易的开瓶器。刀鞘采用同种尼龙材料制成，端部有一个钢质镶件，这个零件可当作开瓶器，但与刀柄上的开瓶器有所不同。

L85A1突击步枪刺刀面板设有一个驻笋，将刺刀背上的长孔与驻笋卡住，可作为剪刀使用，刀身和刀鞘配合的强度可以剪断铁丝。但是，这款刺刀驻笋的形状较为复杂，刀身卡到驻笋的方式只有一种，确保刀身卡入时的方向不会弄错。

L85A1突击步枪刺刀的刀鞘上装有178毫米长的锯条，用于锯割木质材料，锯条可折叠和快速更换。刀鞘的一侧装有油石，用于磨刀刃。

L85A1突击步枪刺刀的设计较为复杂，其操作流程也相对烦琐。尽管其实战效果尚待检验，但这款刺刀已公认为目前全球最为复杂的多功能刺刀之一。其设计理念与功能集成体现了现代军事装备技术的高水平，同时也对使用者的操作技能提出了更高的要求。

优秀的"刺"客——三棱军刺

三棱军刺是身呈棱形且有三面樋的刀具（樋不是血槽，用于减轻重量的同时保持军刺本身的坚固）。众所周知，军用刺刀主要有两种形态：片形（刀形或剑形）和棱形（三棱或四棱）。相对于片形刺刀，棱形刺刀属于比较特殊的一款，因特殊的设计和原理而有且只有一种功能——刺。而所有的棱形刺刀中，最具有代表性的莫过于三棱军用刺刀（简称三棱军刺）。

三棱军刺功能专一，就是为"刺"而设计，无法完成劈砍或者削切的战术动作。也正是因为其功能单一，很多人认为三棱军刺只是一种过渡性的产品，在生产之初就已经落后于整个时代，终将被多功能型刺刀所取代。作为一款近战武器，只有深入了解其具体构造，才能认识到三棱军刺的卓越之处。

三棱军刺是有三面樋的刀具，也就是说，三棱军刺

三棱军刺

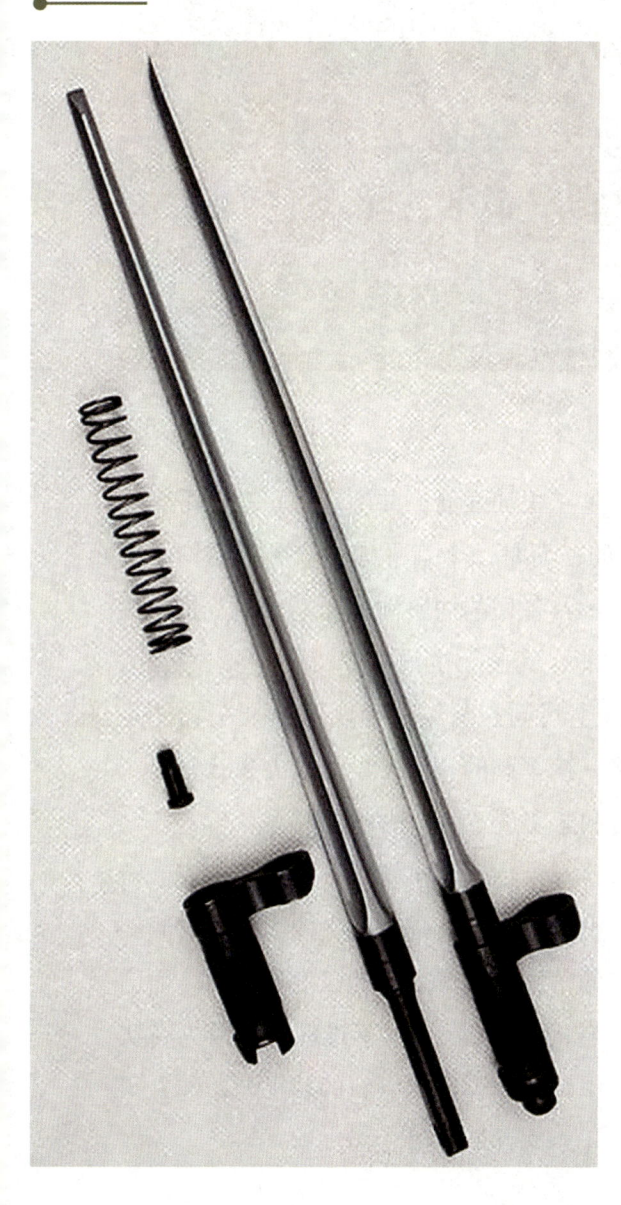

三棱军刺的基本样式

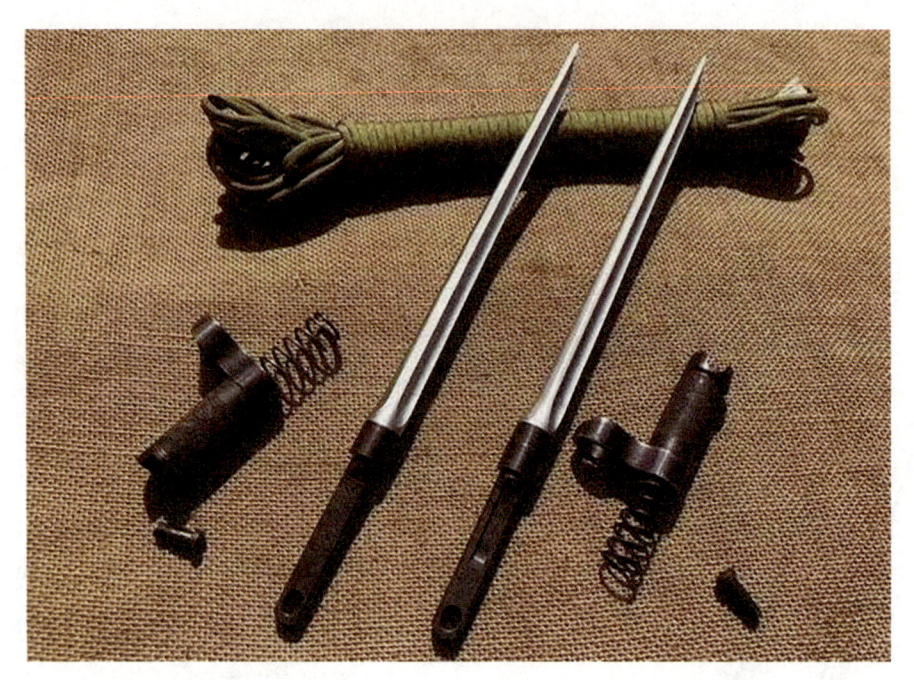

的"三棱"只是三根加强筋，并不是刃。三棱军刺的"头"不是尖的，而是一个扁平的"铲形"结构，棱上并未开刃，不具备切削的属性。加之"刺"是三棱军刺的唯一功能，其棱上也没有开刃的必要。对此，可能会有人产生疑问：既然这种刺刀的唯一功能是"刺"，那么将三棱军刺的"刃"设计成尖头状，是否比扁平形更有利于实现"刺"的功能？

这里要科普一个物理学小知识——转正效应。转正效应的原理很简单，那就是一个尖的物体面对倾斜的目标，攻击的角度会被其表面的弧度带偏离，而向目标的弧度"转向"。实际上这不难理解，因为在实战过程中，穿甲弹和子弹射到倾斜的装甲上，弹丸很大可能会被弹开，这就是跳弹。

现代的防护装甲之所以设计成斜面倾角的式样，正是反向利用了转正效应来加强自身防护。但是如果射来的弹丸是平头，那么情况就完全不同了。所有的力量都会在转正效应的作用下转化为穿刺动能，很难被物体表面的曲率所改变。对于三棱军刺来说，如果头部打磨成尖状，那么它就变成了一枚简单的三棱锥，还是一个不对称的三棱锥。如果在刺入敌人身体尤其是刺到了坚硬的骨头上，可能就会导致穿刺的深度或者力度不够，影响实战效果。

正是因为这种设计，三棱军刺的穿刺力非常强。实战表明，即使刺在人体最坚硬的头骨上，也是一刺一个洞，更不用说相对柔软的人体组织，即使是空的

平头的三棱军刺

铁制汽油桶，只要轻轻扎上一下，也会刺出一个不小的窟窿。

三棱军刺最大的优点就在于结构的稳定性和优异的穿刺性能。相对于工艺复杂的剑形刺刀，三棱军刺对于钢材和加工工艺的要求相对要降低不少，这就为大批量生产制造节省了一大笔的开支。如果不采用片形刺刀所使用的优质钢材，在降低生产成本的同时，其性能是否也会相应降低？

如果仔细观察三棱军刺，就会发现一个有趣的现象：三棱军刺的三道棱并不是均衡排列的，每条棱的大小也不一样。下面两道棱近似在一个平面上，且更长、更粗；上面那道棱与下面两道棱的方向是近似垂直的，且偏短、偏细。这种设计虽然可能没有三道棱均衡排列那样美观，却是一种实用的设计。三棱军刺横截面图显示，三棱军刺的刀身主体部分类似一个前细后粗的"工"字形，下面两道位于一个平面的棱，如同"工"字形结构的两个头。

众所周知，"工"字形结构和前细后粗的锥形是非常稳定的，设计人员并没有止步于此，而是在其中间又起了一道竖棱，作为加强筋。这种极端设计使得三棱军刺结构极其稳定，弥补了其本身钢材质量不足的缺陷，在某些性能指标上甚至比使用了优质钢材的剑形刺刀更胜一筹。三棱军刺曾大量装备在我军53式步骑枪、56式突击步枪、56式半自动步枪及63式步枪上。

有趣的是，三棱军刺有3个流传甚广的谣言，随着时间的演进，不但没有被辟谣，反而不断被夸大，

MELEE WEAPON ★ 枪尖上不朽传奇——刺刀　　　　　　　　　　　　　　　　　　　　　　　49

56式三棱军刺

最终都把三棱军刺"妖魔化"了。

谣言1：三棱军刺有毒。主要的观点是"在生产三棱军刺时，会掺入铅，制造完成后会对刀身进行磷化处理，在刺刀表面镀上一层砷，而铅和砷都是著名的有毒物质"。从实战的角度来看，三棱军刺制造工艺中若掺入铅，则会显著降低金属坚韧度，对刺刀本身没有任何好处。此外，三棱军刺生产工艺中根本没有"磷化处理"这样一个环节，确实在刺刀表面镀了一层铬，以增强防腐蚀性，而金属铬是没有毒的。

谣言2：三棱军刺造成的伤口不容易愈合。这个谣言流传最广，但这也是误解。无论刺刀的造型如何，它都是一种冷兵器，对人体所造成的创伤与枪弹、炮弹破片造成的伤害无法相比。之所以三棱军刺造成的伤口不容易愈合，主要还是因为三棱军刺特殊的构造，容易在刺刀表面积累污垢、病菌、病毒，刺入人体后更容易引发感染。从现代医学而言，连环状伤口都能处理，三棱军刺造成的"丫"形伤口通常也不严重。

谣言3：三棱军刺的3道"棱"是放血槽。按照这种谣言，放血槽会造成人体大量失血，甚至将空气带入体内，造成巨大伤害。事实上，三棱军刺的棱既不是出血槽，也不能导入空气。这种棱槽设计的主要作用是在减轻重量的同时，增强刺刀的坚韧度，这是一种非常科学的设计理念，与增加创伤出血无直接关系。

谣言止于智者，保持科学态度与理性思考至关重要。对于三棱军刺，既不能过度"美化"，更不能将其"妖魔化"。

从综合性能、穿刺程度、成本3个维度上来看，三棱军刺可以算是质优价廉的典型代表。三棱军刺最终被多功能刺刀所取代，逐渐退出历史舞台，这与三棱军刺自身存在的缺点有关。

缺点1：三棱军刺功能单一，缺乏现代刺刀普遍具有的砍、锯、剪等功能。现代战争中，格斗、潜行、暗杀已经不是刺刀的主要功能，反而在野外作战过程中，作为辅助刀具的作用越来越明显。这就限制了三棱军刺的使用范围和效果。

缺点2：三棱军刺体积有些过大，使用时容易伤到使用者本人。如果刺刀战依然是现代战争不可或缺的一部分，那么三棱军刺有可能装备至今，甚至被推广开来。

当今世界，开展刺刀战的机会已经越来越少，像三棱军刺这种单一功能的刺刀，终将会被多功能刺刀所取代。不过，三棱军刺等武器虽然会落伍，但"刺刀见红"的精神永不过时！

中国军人刺杀格斗训练

步兵手中的重锤——手榴弹

手榴弹是一种能攻能防的单兵小型手投弹药，因外形及其爆破的碎片很像石榴和石榴籽，故而得名。它既能杀伤有生目标，又能破坏坦克和装甲车辆。纵观整个人类的战争史，手榴弹这种单兵投掷武器一直被所有国家和军队作为有效的步兵近战武器广泛运用。

作为一种传统的战斗武器，手榴弹在近距离杀伤有生力量和毁坏军事装备方面具有不可替代的作用。尽管现代战争中出现了很多新型武器，但手榴弹因体积小、重量低、使用简单、便于携带、适合近战等特点，仍然是必不可少的单兵装备之一。手榴弹不仅可以有效地打击敌人，还可以降低士兵暴露在敌军火力的风险，且不需要步枪等轻武器所必需的射击精度。

　　手榴弹作为一款传承千年的"元老级"单兵武器，其设计理念和功能效果不断拓展，从单纯的爆破杀伤型武器，到具备眩晕、燃烧、烟雾、照明等功效，作战效果和使用场景丰富多样。在未来的战场上，通过信息化和智能化升级，手榴弹能够明显增强单兵战场生存力、突防力和毁伤力，从而实现以弱胜强、以小博大的作战效果。

　　从现实角度来看，以街道巷战、工事作战为代表的短兵相接战斗仍将频繁发生。这类战斗的交战距离通常控制在 40 米，这一范围恰好处于部分直射武器的火力盲区，却正是手榴弹能够有效填补的火力空白。手榴弹在这一距离的应用，不仅能够弥补直射武器的不足，还能显著提升作战效能，为战术部署提供更多可能性。

　　迄今为止，大部分手榴弹仍采用拉环式设计与翻板击针的发火方式，操作方式极为简单，普通士兵能够迅速掌握其使用方法。此外，手榴弹体积小巧，零部件结构简单，所应用的电子元器件与加工材料较少，易于大规模生产，便于满足作战需求。因此，手榴弹在现代战争中依然具有重要的战术价值和应用前景。

以小博大——手榴弹的前世今生

关于手榴弹的起源，主流的看法有两种。

一种看法是手榴弹起源于公元 1000 年左右，当时宋朝出现了被称为"火球"或"火炮"的火器，其原理与现代手榴弹相通。北宋时期的《武经总要》详细记录了 13 世纪初军队中出现的铁壳制爆炸武器"震天雷"，这与现代手榴弹的基本构造已经相差无几。按这种看法，火药从中国经阿拉伯人之手传入欧洲之后，到了 15 世纪，欧洲出现了填装黑火药的手榴弹，主要用于要塞防御和监狱。17 世纪中叶，欧洲一些国家在精锐部队中配备了野战用手榴弹，并将经过专门训练使用这种弹药的士兵称为掷弹兵。

另一种看法是手榴弹的原型可以追溯到 9 世纪的欧洲。根据当时的制作工艺，手榴弹是各种不规则形状的陶器，内装当时已知的能量密集材料（如石灰、

宋代的"震天雷"

树脂和"希腊火")。显然，在第一次出现烈性炸药之前，这些手榴弹的杀伤效果并不显著。

关于爆炸性投掷手榴弹的文献记录可追溯到10至11世纪。这些手榴弹由铜、青铜、铁、陶土、玻璃制成。据推测，它们是由阿拉伯商人从东方国家或印度引入的。不管是哪一种看法，基本上可以判断手榴弹的起源时间为9至11世纪。

● 最早的陶器"燃烧瓶"

手榴弹是人类朴素且直接的"把爆炸物扔出去"理念的具象化体现。早期"手榴弹"因为工艺的问题，威力极其有限。在这些手榴弹中，燃烧瓶是真正可以考证的手榴弹的雏形。

被称为"莫洛托夫鸡尾酒"的现代燃烧瓶

燃烧瓶，是一种由东方国家在公元1000年发明的燃烧手榴弹，由一段空心竹筒制成，内部装填有树脂和火药。燃烧瓶的顶部用麻团塞住，可以用作加固的火把，有时也会使用含有硝石的简易引信。这个时期的阿拉伯燃烧瓶，就是一种由玻璃球制成的燃烧弹，内装硫黄、硝石和木炭，并配有引信和链条，固定在木柄上。

燃烧瓶制作工艺简单，虽然其装填物的燃烧效率和使用范围极其有限，但是在近现代小型冲突中依旧可以看见它的身影。现代利用酒瓶制作的简易燃烧瓶和古代战争中使用的那种"燃烧瓶"存在本质差异，但结构和原理一直都没有变过，这是一种另类的传承。人类对于武器的使用规则一直没有大的变化，从某种角度来讲，能够达到战斗目的和效果的武器就是最好的武器。

希腊莱斯博斯岛的米蒂利尼考古博物馆展出了100多个保存完好的吹制玻璃手榴弹，其中一些还保留着引信。这个时期的玻璃手榴弹，已经具备现代手榴弹的雏形。

尽管手榴弹的起源地还存在争议，但学界公认的是，自从"手榴弹"这个名词出现的300年的时间里，手榴弹的结构只进行了一次重大改进，那就是摩擦引信的出现。

引信技术原理并不复杂，它的作用就是很简单的一句话：在不需要弹药爆炸时不让它爆炸，在需要爆炸时让弹药爆炸。从这一观点来看，古时"红衣大炮"使用的导火索其实就是一种延时引信；而手榴弹

手工吹制的玻璃手榴弹

● 开启了破片时代的铸铁手榴弹

所使用的摩擦引信，其原理和日常生活中的火柴差不多，均是通过摩擦产生火星引燃的。

在摩擦引信被发明之后，德国科学家于1405年发明了铸铁手榴弹，用脆性铸铁作为弹体材料，开启了经典破片手榴弹的时代。

历史的车轮滚滚向前。到了英国内战（1642—1652）期间，克伦威尔的士兵发明了一种新型的手榴弹，在弹药内部的引信上绑上一个子弹，撞击地面时会继续运动并拉动引信进入内部。他们还设计出来了一种原始的稳定器，以确保手榴弹引信朝后飞行。这是手榴弹开始配备惯性引信的雏形。

新式武器装备的出现往往会影响军队的编制构成。1667年，英国军队开始挑选士兵（每连4人）专门负责投掷弹药，这些士兵被称为"掷弹兵"。当时只有身体素质和训练水平最优秀的士兵才能成为掷弹兵，因为身高越高、体格越强壮，就能将弹药投掷得越远。这标志着手榴弹开始在野战中得到广泛且大量的应用。

历史的发展总是曲折的。手榴弹的命运并没有因为掷弹兵的出现而"一飞冲天"，恰恰相反，到了

18 世纪中期，因为线列战术的推广，手榴弹的应用优势逐渐消失，其发展进入了一个长达数十年的停滞阶段。是金子总是会发光的，手榴弹的机会很快就来了。第一次世界大战时期，随着堑壕的大量应用，手榴弹重新登上了历史舞台并且大放异彩。从此，手榴弹真正进入了一个高速发展的时期。

造型像乌龟的德国 1915 式饼形手榴弹

第一次世界大战期间，由于堑壕和阵地战的兴起，手榴弹得到了广泛应用。世界各国在发现这种"小玩意儿"对堑壕里的各种目标有着无与伦比的战术优势之后，立即展开了"如火如荼"的手榴弹研究，并根据实战效果不断推陈出新、改良工艺。这一时期的手榴弹可谓是"百花齐放，百家争鸣"，其中最具特色的是德国1915式饼形手榴弹和俄国1914式球形手榴弹。

俄国1914式球形手榴弹

第二次世界大战期间，手榴弹的技术和工艺基本上已经定型，延迟引信、瞬发引信及惯性引信得以大量应用和改进。手榴弹分为进攻型和防御型两个大类，还有木柄手榴弹和卵型手榴弹等数十种分支，造型上彻底脱离了原本的"燃烧瓶"和"陶土罐"式样。

在第二次世界大战末期，德国军事工业和武器产能遭到了极大的破坏，在战争初期尚能维持的标准化生产已经难以为继，被迫使用各种各样的材料生产简易手榴弹供前线使用，由此产生了不少"奇葩"的手榴弹。以"玻璃"手榴弹为例,这种手榴弹最大特点是整个雷体由玻璃器皿制成,根据生产厂商和生产时间的不同,手榴弹的造型略有差异,装药量也有所不同。有资料指出,为了加强杀伤威力,某些生产批次的玻璃手榴弹中被掺入了金属碎片。

由于玻璃手榴弹装药量不足,同时玻璃破片难以达到金属破片的杀伤力,因此其实际作用相当有限。这种手榴弹在战争的最后阶段投入了战场,主要用于东线战场对抗苏联红军的战斗中,战后仅有少数玻璃手榴弹被西方收藏家保存下来。

总的来说,这些简易手榴弹能够适应德国早已枯竭的金属材料供应情况,可以大规模生产并快速配备给匆忙组织起来的大量部队。由于粗制滥造等原因,这些手榴弹安全性极差,比起所要对付的敌人,这些手榴弹的使用更让德国士兵胆战心惊。简易手榴弹的

玻璃手榴弹

威力参差不齐，即使勉强投掷出去，效果也可想而知。

在手榴弹发展史的后期，虽然其原理和工艺基本定型，其设计的理念历经千年却一直都没有改变过。虽然在第二次世界大战中也出现过早期手榴弹的身影，但这些手榴弹只是作为物资匮乏时期的弹药补充，并不是一种主流的选择。由此可见，科技的发展并不意味着一味地做大做强，有时受限于客观实际，武器发展不得不"就地取材"，毕竟能解决实际问题的武器就是好的武器。

近年来，"无人机+弹药"的作战样式得到实战运用，其不俗的战场表现证明，手榴弹这一古老武器通过信息化智能化升级，能够明显增强战场生存力、突防力和毁伤力，实现以弱胜强、以小博大的作战效果。

战场夺命铁鸡蛋——德国 1917 式卵形手榴弹

在手榴弹被人类发明并应用于实战之后,虽然工艺和材质一直在进步,但是在近一千年的时间内,它都是作为一种"小众"的武器被少量应用,其威力也极其有限。这个"基本停滞"的局面直到第一次世界大战期间堑壕战的兴起才最终得以改变。在这个时期,世界各国都纷纷开展了属于自己的手榴弹研究,其中最有名的手榴弹就是德国设计制造的 1917 式卵形手榴弹。

1917 式卵形手榴弹

带碎片环的 1917 式卵形手榴弹

由于阵地战的广泛兴起，各国军队都将堑壕大量且广泛地应用于战场，这些堑壕对于步兵的直瞄火器有着非常好的屏蔽效果。而隐藏在堑壕之中的隐蔽目标，就成了步兵需要首先解决的"难题"。手榴弹，作为对付堑壕内隐蔽目标的有效武器，受到了世界各国的普遍重视。1915年3月，德国陆军装备了他们的第一种制式木柄手榴弹——1915式木柄手榴弹。不久，这款手榴弹就出现了一个改型，使用由撞针引信和勺式保险组成的"波彭贝格撞针引信系统"，因此被称为1915式撞针引信木柄手榴弹或波彭贝格手榴弹。

被拆解的1915式木柄手榴弹

1915式撞针引信木柄手榴弹并不是一个合格的武器。虽然独特的撞针引信系统使其在爆炸延迟时间上与原版的1915式木柄手榴弹相比略有优势（短2秒钟），但是1915式撞针引信木柄手榴弹结构过于复杂，木柄因联动式杠杆而不对称，容易发生磕碰磨损等问题，导致每次运输后都必须重新装配部件。此外，该手榴弹由于卡销孔较大，引信核心部位容易受

MELEE WEAPON ★ 步兵手中的重锤——手榴弹　　　　　　　　　　　　　　　　　　　　65

1915式木柄手榴弹

潮，裸露的联动式杠杆也极易被堑壕中的泥土和积水污染。总之，这种手榴弹不仅可靠性不高，且制造所需时间长，成本也高，因此德军对其很不满意。

正是这样一款"不受德军待见"的木柄手榴弹，却在第一次世界大战中最著名的马恩河会战中大放异彩，德军使用木柄手榴弹率先打破了战场的僵局，给对面的英军造成不小伤亡，令英军严重受挫，在战场上频频遭到德军火力的压制。

1916年7月，英国陆军在索姆河一线发动了大规模攻势，德军步兵为阻击英军的索姆河攻势使用了各种技术兵器，其中就包括手榴弹这种廉价却不失威力的单兵爆破武器。

这些木柄手榴弹虽然兼具爆炸威力强和投掷距离远的优点，但尺寸实在太大，仅仅是木柄长度就超过20厘米，在战斗中携带它们也不是轻松的事情。正因如此，前线的德军步兵纷纷要求装备更加轻便的手榴弹。1916年秋季，德国战争部决定开发重量尺寸小于球形手榴弹和木柄手榴弹的新式同类武器。通过不断改进，德国军队在1917年初成功研发了灵活的新式手榴弹。鉴于该型手榴弹的出厂年份

马恩河会战中德军大量使用木柄手榴弹

和独特的造型，德国陆军命名其为"Eierhandgranate Model.1917"，意为"1917 式卵形手榴弹"（也称 M1917 手榴弹）。

与此前德军士兵颇为熟悉的饼形、球形和木柄手榴弹不同，1917 式卵形手榴弹有着和鸡蛋相似的外观，其弹体由铸铁制作而成，并专门涂抹了一层黑色油漆。该型手榴弹全重只有 318 克，弹体高度 6 厘米，直径 4.5 厘米，内部装有 32 克混合炸药。从这些数据可以看出，这种卵形手榴弹依靠火药爆炸产生的高速破片来达到杀伤目的。

那么，重新设计的1917式卵式手榴弹到底性能如何？战场才是检验武器的最佳场地。1917年4月，在德军针对英军阿拉斯攻势的防御战（每次德国军队的手榴弹实战检验，都有"世仇"英国军队的影子）中，1917式卵形手榴弹轻巧的优点赢得了前线士兵的好评，纷纷表示这款新式的手榴弹确实要远比之前的手榴弹灵活且好用。

经过实战检验之后还是发现了一些问题，这些问题主要来自卵形手榴弹那个鸡蛋般的弹体：一旦沾上雨水或泥巴，该型手榴弹的身躯便会异常光滑，稍有不慎就会从手中脱落。在欧洲"烂泥塘"佛兰德斯地区作战的德军步兵对此深有体会，1917式卵形手榴弹在这种环境下难免沾染泥水，以至于发生了德军士兵由于手滑导致投掷距离太近甚至直接滑落致使士兵被炸死炸伤的惨案。

付出了血的代价才换来的改进意见显然是不能忽视的，这些问题很快就引起了德军工兵部门的重视，改进方式也相当简单：直接在弹体中央预制了一层成型的铸铁破片环，不仅方便抓取，而且进一步提升了破片杀伤效能。

出于后勤考虑，1917式卵形手榴弹的引信孔尺寸与1915式手榴弹一致，因此可以直接安装1915式手榴弹所使用的拉发摩擦引信。这种引信由锌合金制成，有两种版本，延迟时间分别是5秒和8秒。

至于撞针引信，德国陆军最初本不打算继续使用。德军在《1916年战争补充人员训练指导方针》中指出："在松软的地形上使用这种手榴弹效果不理想，

安装了1915式引信和破片环的卵形手榴弹

因为撞击引信在这种松软泥土中根本没有反应"。或许是对卵形手榴弹给予更高的希望，1916年秋季德军为其专门开发了1916式拉发撞针式引信。这种引信的主体包括撞针拉栓、撞针组件、导火索、起爆火药。

1916式拉发撞针式引信的导火索和起爆火药套筒内装了一根延迟5秒的导火索，底部则是少量火药，同时顶部套着火帽。当拉栓被拔出而撞针杆抬升到特定位置时，小钢珠就会掉出引信，释放撞针在弹簧张力的作用下向下猛烈撞击火帽，引燃导火索。1916式拉发撞针式引信虽然看起来很"炫酷"，但它与传统的拉发摩擦引信相比没有任何技术优势，生产成本和难度更高，因此这种引信产量不高，并很快被1917式拉发摩擦引信取代。

1917式拉发摩擦引信与1915型摩擦引信在工作原理上一致，只是造型有所不同，在拉火绳末端新增了一个陶瓷拉珠，引信还有一个铁制的螺纹保护盖，顶端印着延迟时间提示和生产商代码，使用时只需旋开保护盖露出拉火绳即可。

1917式拉发摩擦引信存在极大的不稳定性问题，经常发生导火索燃烧速度过快的问题，由于手榴弹提前爆炸而使德军士兵遭受不必要死伤。虽然配备了一个不可靠的引信，但1917式卵形手榴弹还是在服役伊始就受到了西线德军的喜爱。凭借区区318克的重量，1917式卵形手榴弹不仅容易携带，还可以轻松投掷到40米之外的位置，甚至可以投出50米的距离，这个投掷距离可比木柄手榴弹还要大。此外，1917式卵形手榴弹虽然装药量仅有32克，但由于破片环

1917式卵形手榴弹，引信与弹体是可以分开的

的存在，使杀伤半径依然有 10 米水平，完全不输早期的球形手榴弹。

为了让德军步兵能够迅速拉开引信火绳，德军还特别为 1917 式卵形手榴弹设计了一种铁质的正方形胸板，中央斜置着一根金属杆，可以根据使用者的需要转动角度。操作非常简单，只需要在胸板角落的空洞上系皮带挂在胸前，然后把卵形手榴弹拉火绳的孔眼对准金属杆，顺着金属杆用力向下一拉就可以点燃引信。后来这种装置推出了缩小版本，一个长 11 厘米、宽 3.5 厘米的矩形，但实用性没有降低。

1917 式卵形手榴弹还有一种特殊的引信，充分体现了人类的战争智慧。早在 1916 年，还在使用球形手榴弹的德军步兵，参考了 17 厘米中型堑壕迫击炮所用的瞬发引信，自行创造了一种即拉即爆式诡雷引信。这种引信从外表上看就是个拉火绳与顶部呈现 90° 的黄铜引信，但这种引信压根没有导火索，也就是说只要拉开火绳，引信内部由氯酸钾、硫化锑和树胶混合而成的起爆火药就会被瞬间引燃，直接点爆弹体内的炸药，在这期间不会有任何延迟。

德军士兵使用诡雷引信的 1917 式卵形手榴弹通常有两种作战模式。一种模式是在拉火绳上面系上绊索，然后把它伪装在树林中，一旦协约国士兵接触到绊索，手榴弹会瞬间爆炸。另一种作战模式更加可怖，德军士兵在撤退时会故意把安装诡雷引信的卵形手榴弹遗弃在堑壕中，协约国士兵在第一时间很难发现，而只要他们拉开火绳，手榴弹就会直接点爆，而狭窄的堑壕会加大破片的杀伤效果。

使用诡雷引信的 1917 式卵形手榴弹

从这些细节可以看出，武器虽然是死的，但使用武器的人却是活的。即便是一枚看似简单的手榴弹，人们也能在细节上不断推陈出新，以实现最佳的使用效果。这种持续的技术改进与创新，不仅体现了无穷的人类智慧，也彰显了武器装备在实际应用中的不断优化与进步。

威名赫赫——英国"米尔斯"手榴弹

"米尔斯"手榴弹,是由英国米尔斯弹药公司于1915年定型生产的一款用于大批量生产的手榴弹,1915年5月被命名为5号米尔斯MK-1。

"米尔斯"手榴弹

手榴弹的第一次大规模投入实战是在第一次世界大战的马恩河会战和索姆河战役中。这是两场载入史册的著名会战,有很多新式武器第一次投入战场就取得了不俗的战果,尤其是德国的木柄手榴弹。

师夷长技以制夷,在"死对头"德国军队手上吃过多次苦头的英国军队自然不会停止前进的脚步,加快了手榴弹研发过程。这一次的大胆尝试成就了世界

MELEE WEAPON ★ 步兵手中的重锤——手榴弹

"米尔斯"手榴弹

    手榴弹发展历史中一款传承超百年的经典——"米尔斯"手榴弹。

    战争是武器发展最好的催化剂。早在1908年，英国军队已经开始了手榴弹的研发工作，直到第一次世界大战，由于战争前线的军情紧急，迫切需要研发一款实战性较强且易于大批量生产的手榴弹。经过设计师的集体攻关，一款完全由英国设计制造的"1号碰炸手榴弹"（也被称为No.1型手榴弹）快速装备了英国陆军。这也是英国军队在第一次世界大战期间使用的第一款手榴弹，毫无疑问是名副其实的英国No.1。

MELEE WEAPON ★ 近战利器　利刃在手寒芒现　　　　　　　　　　　　　　　　74

"米尔斯"1号碰炸手榴弹

作为英国陆军第一种制式手榴弹，1号碰炸手榴弹被投放到西线参与战斗。当战场很快被限制在堑壕内时，其过长的手柄就成了一个累赘——英军在使用该型手榴弹作战时发生了多次事故，由于手柄过长，手榴弹的导火索很容易碰到自家的战壕壁，结果战壕里的英军非死即伤。

横过来看，1号碰炸手榴弹的手柄确实是有点长

英国陆军试图通过缩短手柄长度来解决这个问题，但这并没有改变1号碰炸手榴弹的"老毛病"。根据1916年1月在伊普尔地区被俘的德军士兵的供述，这种手榴弹不仅会被德军战壕的木板给偏转方向，撞击式引信也时常无法准确触碰目标，以至于还发生过德军捡起手榴弹重新扔回英军阵地的尴尬事件。

更要命的是，1号碰炸手榴弹使用的雷管只有一家军械厂能够制造，造价高、产量低，致使手榴弹数量远远无法满足前线的实际需求。为此，英国开发了更容易生产的No.18型雷管来解决麻烦，但这种雷管在战斗中被证明根本无效。

与德军使用的木柄手榴弹相比，英国军队装备的1号碰炸手榴弹设计复杂，对生产工艺要求高，暴露出威力不足、稳定性差、发挥作用有限、难以量产等问题。在这种情况下，研发一种性能可靠、便于大规模生产的手榴弹成为当务之急。各种新型的手榴弹纷纷亮相，最终英国工程师威廉·米尔斯设计的手榴弹脱颖而出。米尔斯充分发挥他在冶金铸造方面的技术优势，借鉴比利时自行引爆手榴弹的部分设计理念，对1号碰炸手榴弹进行改进，赫赫有名的"米尔斯"手榴弹终于走上了人类战争的舞台。

作为世界历史上罕见的服役时间超百年的武器，"米尔斯"手榴弹有多种型号和款式，但其原理一直都没有大的改动。"米尔斯"手榴弹并不复杂，它由弹体、保险销、弹簧握杆、撞针组、雷管、中心管、主装药和底盖组成，是一款无柄手榴弹。最终定型的

"米尔斯"手榴弹

"米尔斯"手榴弹剖面图

"米尔斯"手榴弹整体重774克，弹长89毫米，直径57毫米，使用枪榴弹发射最大射程为180米，可以采取多种装药。

"米尔斯"手榴弹的铸铁弹体外观呈椭圆形，弹体外壳纵横交错的沟槽把弹体分为48瓣。与德军1917式卵形手榴弹的"卵形"不同，"米尔斯"手榴弹的外观造型酷似菠萝，整个外部弹体由生铁打造，表面带有用来防滑和控制弹片大小的网格，可以使弹体在爆炸时产生较为均匀的杀伤破片。铸铁弹体底部有一个黄铜底塞，依靠螺纹与弹体固定在一起，拧开后可以从这里安装引信。

"米尔斯"手榴弹之所以能够被广泛应用于实战，最主要的原因就在于成本控制。为了降低成本、简化工艺，便于大批量生产，"米尔斯"手榴弹相比于英国军队其他的手榴弹，主要有三大改进：一是圆柱形弹体改成椭圆形，简化了生产工艺；二是将弹体材料由钢替换成铁，降低了生产成本；三是采用的雷管和火帽都是通用的，售价极为低廉。

"米尔斯"手榴弹终于迎来了自己辉煌的时刻。1916年7月26日，法国北部的波齐埃斯，节节败退的澳大利亚军队在得到英军支援后，同德军展开了一场超过12小时的战斗，使用了超过15000枚"米尔

便于携带和运输的"米尔斯"手榴弹

斯"手榴弹，重创德军并扭转战局。从此，"米尔斯"手榴弹声名大噪。

整个第一次世界大战期间，英军一共使用了7500万颗手榴弹。"米尔斯"手榴弹的使用方法和传统无柄手榴弹一样，将保险握片一侧朝向掌心，抽出保险销，用力投出即可。

"米尔斯"手榴弹部件简单、存放方便、杀伤力大、用途广泛，在两次世界大战中都为英军立下了汗马功劳，直到1972年"米尔斯"手榴弹才从英国军队中正式退役。时至今日，"米尔斯"手榴弹依然活跃在中东和北非战场，成为世界上少有的服役超百年的武器之一。"米尔斯"还有一款专门发射手榴弹的发射器，结构极为简单，被视为早期的"榴弹发射器"。

"米尔斯"手榴弹发射器

北爱尔兰小男孩在海滩上发现的"米尔斯"手榴弹

根据新闻报道，2022年6月3日在英国北爱尔兰地区，一名小男孩在海滩上玩耍时发现一枚保存完好的手榴弹。经技术专家确认，这是一枚第一次世界大战期间制造的"米尔斯"手榴弹。警方在官方账号上发布了发现手榴弹的消息，并称该手榴弹是"具有引爆能力的手榴弹"。虽然历经百年沧桑，这枚"米尔斯"手榴弹竟然还能"具有引爆能力"，足以见得其性能的可靠。

"米尔斯"手榴弹的问世，标志着手榴弹正式进入了无柄时代。与同时期的其他手榴弹相比，"米尔斯"手榴弹在安全性与性能方面均表现出显著优势。作为手榴弹发展史上的经典之作，"米尔斯"手榴弹的设计理念对后续各国手榴弹的研制产生了深远影响，推动了手榴弹技术的进一步发展与革新。

致命的"柠檬"——法国 F1 手榴弹

第一次世界大战期间，吃过苦头的英国军队研究出了"米尔斯"手榴弹，并将其作为"传家宝"传承了近百年。作为第一次世界大战"主力军"的法国军队，在 1914 年遭受德国手榴弹的沉痛打击，促使他们决定制造一款具有平衡特性的手榴弹——F1 手榴弹。

法国设计师们针对德国 1913 式手榴弹直径太大、不便于手握、引信不可靠、破片杀伤力弱等缺点，进行了针对性的调整和改进，研发出一款革命性的手榴弹，这就是在军事装备发展史上大名鼎鼎的 F1 手榴弹。

F1 手榴弹为钢制，主体由铸铁制成，弹体呈带肋的卵形，带有一枚雷管孔，比德国手榴弹的圆形

造型超前的法国 F1 手榴弹

或圆盘形弹体更便于投掷。装药为64克炸药（三硝基甲苯、施耐德雷特或威力较小的替代品），全重为690克。

最初的F1手榴弹是通过雷管帽撞击硬物（木头、石头、枪托等）来启动的。雷管帽由钢或黄铜制成，内侧有一个撞针，可以击碎底火并启动延时器。为了安全起见，F1手榴弹的雷管配有钢丝销，防止冲击器接触底火，取下此保险装置即可直接投掷。

F1手榴弹的技术相当先进，不仅生产制造不需要稀缺的原材料，而且在携带的炸药分量适中的同时还兼具强大的威力，能够产生大量的杀伤性破片。经过测算，F1手榴弹在爆炸时，弹体会破裂成200余块大型破片，初速度约730米/秒，弹体总重量的38%都会形成杀伤性破片，杀伤面积为75～82平方米。

为了解决弹体在爆炸时正常碎裂的问题，设计师们在弹体上使用了深刻痕。经过实战的检验，在使用现代炸药时，弹体在爆炸时会以不可预测的方式碎裂，由于大部分破片的重量很小，在20～25米的半径内杀伤力并不大，而底部、顶部和雷管的重型破片具有很高的能量，在200米距离内都具备很强的危险性。

虽然F1手榴弹这种简单的结构非常适合大规模生产，但是初始设计主要针对的是阵地战，缺陷十分明显，那就是需要通过雷管帽撞击硬物来启动，否则手榴弹就无法正常使用。

根据战场的反馈，F1手榴弹撞击硬物点火的缺

配备了新式雷管的 F1 手榴弹

点得到了法国设计师们的重视。相对而言，雷管是整个结构的致命弱点，明显落后于同时代的英国"米尔斯"手榴弹。不得不说，F1 手榴弹本身的弹体结构、杀伤效率和适于生产的特点是当时世界上最杰出的。1915 年，通过不断的试验，法国设计师们在很短的时间内就发明了一种类似于"米尔斯"手榴弹的自动弹簧雷管，实现了超越。

法国设计师们将新的自动弹簧雷管与延时器和雷管结合在一起，雷管从顶部拧入手榴弹。相对来说，"米尔斯"手榴弹的撞针机构是不可拆卸的，加之雷管从手榴弹的底部插入，这样的设计无法目测手榴弹是否已装填。F1 手榴弹就没有这个问题，它的雷管存在与否很容易被目测确定。

通过这些改进，法国的 F1 手榴弹和英国的"米尔斯"手榴弹一样，成为一种真正革命性的技术解决方案。它们的形状、尺寸和重量指标都非常优秀，成为世界各国争相模仿的典范，并在许多现代手榴弹型号中得到体现。尤其是F1手榴弹的自动弹簧雷管，其结构经过微小的改动，至今仍被许多军队当作制式雷管使用。

虽然法国人设计制造了划时代的F1手榴弹，但是真正将F1手榴弹发扬光大的却是俄国（苏联）军队。与西方国家一样，阵地战迫使俄国军队对步兵手榴弹产生了迫切需求。而俄国自行生产的1912型和1914型手榴弹的产能完全跟不上战争的发展进程。根据记载，从第一次世界大战开始到1915年1月1日，俄国军队总共配发了39万枚手榴弹，主要是1912式；从1915年1月1日到1915年5月1日，俄国军队共配发了45万枚1912式手榴弹和15万枚1914式手榴弹；到了1915年7月，俄国军队对于步兵手榴弹的需求量就已经达到180万枚/月；到了1915年8月，前线士兵的手榴弹需求已经达到了惊人的350万枚/月。

这个产能的巨大缺口已经无法由依靠国内生产部门解决。为了填补这个"窟窿"，俄国只能从盟友手中大量购买手榴弹。第一次世界大战期间，法国和俄国是盟友关系，法国毫不吝惜地将F1手榴弹大量供应给俄国军队。

法国的F1手榴弹经过俄国设计师们的进一步研发和仿制，演变为在世界手榴弹发展历史中立下汗马功劳的"柠檬"手榴弹。苏联在第二次世界大战期间大量生产使用了这样一款防御型手榴弹。直至战后，

苏制F1手榴弹，绰号"柠檬"

多数华约国家都曾装备过这种手榴弹。

正是基于其卓越的设计与性能，法国的F1手榴弹在北约与华约两大军事组织中均得到了传承与发展。作为一款无柄手榴弹，F1手榴弹能够同时被美国和苏联这两个超级大国仿制并大规模装备部队，这无疑是一项"前无古人、后无来者"的创举。甚至有观点认为，F1手榴弹是世界上生产数量最多的手榴弹，其影响力与历史地位由此可见一斑。

可以煮咖啡的"布袋子"——英国 82 号手榴弹

手榴弹的大规模应用是在第一次世界大战期间,但真正让手榴弹得到深度发展的,却是第二次世界大战。随着德国"闪击战"的出现,以及空军的广泛运用,一个新型的兵种——伞兵应运而生。新兵种的出现,对于战争的走向和武器的发展都有着深远的意义。因为兵种的特殊需要,伞兵的装备基本上都是特殊设计的,主要还是在保证轻便、耐用的基础上,尽可能增大威力。

在伞兵的所有装备里面,一款被称为"甘蒙手榴弹"(也有人将其翻译为"高蒙手榴弹")的英国 82 号手榴弹得到了很多人的青睐。

82 号手榴弹

这样一款"伞兵手榴弹"虽然不是专门为伞兵生产的，但它却是由英国军队伞兵营亚瑟·甘蒙（也有人将其翻译为"亚瑟·高蒙"）设计的。由于性能优异且符合伞兵作战的特点，在整个战争期间，它被英美两国的空降部队广泛使用，因此这种手榴弹也与伞兵们产生了普遍联系。

在 82 号手榴弹问世之前，英国伞兵普遍使用的是 74 号手榴弹，这就是著名的"黏性炸弹"。英国军队在敦刻尔克大撤退时失去了大量的反坦克炮，使得 74 号手榴弹作为一款替代品被大量投入战场，以解决反坦克炮数量不足的问题。它内部有一个装满硝酸甘油的玻璃球，表面被糊上了一层强力黏合剂，用以固定在目标的金属外壳上。

74 号手榴弹使用方便，战斗时只需拧下保险盖，抽出保险销，对准坦克扔过去，即可黏附在坦克的装甲上，延时 5 秒就会爆炸，1 千克重的弹体投掷距离

74 号手榴弹

一般在20米左右。74号手榴弹对目标物的要求比较高，无法吸附在满是灰尘的坦克表面，有时甚至会黏附在投掷的士兵衣物上，因此广受前线士兵的诟病。此外，74号手榴弹的性能也不是十分稳定，容易在运输途中爆炸。

从某种意义上来说，82号手榴弹是在74号手榴弹的基础上改进而成的，应用的引信和装药均和74号手榴弹相通，但是在具体细节上有着显著差异。

最令人印象深刻的是82号手榴弹的弹体，是一个软的黑色织物袋子，空重340克，可以塞进不同数量的塑料炸药，故可以根据目标而改变装药量，最多可以填充900克爆炸物。这样的炸药量威力十足，完全可以用来爆破装甲车辆和掩体，如果是对付步兵，则可以少装一些爆炸物。另外，由于炸药是可以任意搭配的设计，完全可以根据士兵的个人需要再填充一些碎石子、铁屑充当破片，爆炸开来杀伤效果与预制破片手榴弹相当。这种可以根据需要调整药量的设计，就是深受伞兵们喜爱的根本原因。

鉴于82号手榴弹的这种"非标准化"的特性，士兵们在战斗前需要根据实际情况对手榴弹进行"预制"，在某些特种行动中，还可以临时调整"配方"以适应突发情况。

出于安全考虑，这款手榴弹在投掷前需要扭下保险上方的旋盖，只是扭动时需要小心谨慎，因为旋盖去除之后会露出一条亚麻胶带，这条胶带的一头有一颗铅坠，另一头与保险销连接。当手榴弹被扔出后，铅坠拖着胶带，扯掉保险销，引信在碰撞后就能发挥

MELEE WEAPON ★ 近战利器 利刃在手寒芒现

82号手榴弹的织布袋子

作用。

虽然82号手榴弹可以看作74号手榴弹的改进型号，很多人认为82号手榴弹的威力不如74号手榴弹，但是前线士兵对于82号手榴弹却情有独钟，最主要的原因就是它身段柔软，可以适应不同的战斗任务需要。

因为82号手榴弹可以"灵活"装药，所以士兵们为了保证作战，一般会额外携带一部分C2炸药以备不时之需。C2炸药是一种1943年开始使用的混合爆炸物，它有一个特性就是用量少时可以快速燃烧放热,且不会产生大量烟雾,在战场上不产生烟雾也意味着不容易被敌人发现。正因为C2炸药的这个特点,它经常被士兵们拿来当作"燃料"加热口粮或咖啡。毕竟,在艰苦的战场上能够喝上一杯滚烫的热咖啡,那是一种极致的享受。

用手榴弹的作战装药来煮咖啡,毫无疑问是一种"不务正业"的举动,但也从侧面反映了战场环境的多变,以及人们为了适应战场环境而做出的不懈努力。

从实战的角度来看,作为一款特种作战专用的手榴弹,82号手榴弹的威力一直饱受质疑。英国军队

经常被拿来"煮咖啡"的82号手榴弹

从 1943 年 5 月开始接收 82 号手榴弹，直到 20 世纪 50 年代初才被认定为"已经过时"，大多数库存被销毁，只有少量留存到 1957 年。一代伞兵的传奇武器终于迎来了自己的落幕。

战报可以骗人，战线却不会。82 号手榴弹能够被那个时代最精锐的伞兵部队所接纳，这本身就充分证明了其卓越的性能与设计价值。82 号手榴弹在实际应用中的可靠性与高效性，不仅满足了精锐部队的作战需求，也为其在军事装备发展史上赢得了持久的认可与地位。

各有千秋——
木柄手榴弹 VS 卵形手榴弹

手榴弹按用途可分为进攻型和防御型两种。虽然这种划分不够严谨,但也无可厚非。现实中,有很多人将手榴弹"有没有手柄"作为一种分类的依据,将手榴弹分成了有柄和无柄两种。

有人煞有介事地将有柄手榴弹称为"手榴弹",将无柄手榴弹称为"手雷",这其实是一种错误的称呼。"手雷"不是官方对于手榴弹的称呼。在所有的军事书籍中,手榴弹有且只有"手榴弹"这样一种称呼,手雷这个称呼只是很多人口耳相传的"外号"而已。

有柄手榴弹

无柄手榴弹

造型上差异较大的有柄和无柄手榴弹，到底哪一种更好呢？这个问题众说纷纭，甚至还有很多的争执，下面就认真剖析一下二者的优劣。

德国设计制造的 1915 式手榴弹，是一款典型的有柄手榴弹，最显著的特征就是一根长长的木柄和拉火管发火件。资料显示，有柄手榴弹的支持者们普遍认为，有柄手榴弹那个长长的握柄可以方便战斗人员投掷，因此其投掷距离远、投得准，即使扔到山坡上也不容易滚下来。反对者们则认为，有柄手榴弹的那个长木柄纯粹就是一个没有用的"废物"，根本就投不远，若是扔到了山坡上，手榴弹无论有没有手柄都会滚来滚去，没本质的区别。

无柄手榴弹的主要"代言人"就是英国的"米尔斯"手榴弹和法国的 F1 手榴弹，其主要特征就是近

容易滚动的卵形无柄手榴弹

似卵形的弹体和独具特色的击针发火、保险握片。无柄手榴弹的支持者们普遍认为，其结构简单，重量更轻，扔得更远，安全性自然也更好。而反对者们则认为，若是将其扔到了山坡上，无柄手榴弹一定会到处滚，更重要的是，如果没有一个长柄握持，那么手榴弹不便于抓握，力量也不便于发挥，根本就扔不了多远。

还有一些人认为，现代意义上的手榴弹从被发明出来的时候就是有柄的，而无柄手榴弹则是在发展到一定阶段之后才产生的"新品种"。世道必进，后胜于今。从科学的角度来说，后来者要比之前的老版本好得多。

这3种说法之中，支持者们和反对者们的观点似乎都有道理，那么到底谁的观点是正确的呢？抛开第3种说法不提，前两种说法在本质上其实是一样的——他们都认为自己支持的那种手榴弹扔得更远。至于"在山坡上滚来滚去"的争论，根本就不是核心问题，只需要将手榴弹引信的时间缩短，不给其预留"滚动"的时间，这样的小问题就会迎刃而解。

那么到底哪一种手榴弹能扔得更远一点？从来没有人将这两款手榴弹进行过严格的对比测试，哪怕有这样的测试，结论也很难令人信服——世界各国生产出来的手榴弹，无论是有柄还是无柄，重量上都是有

MELEE WEAPON ★ 近战利器 利刃在手寒芒现

67式木柄手榴弹

肩背67式木柄手榴弹的解放军战士

区别的,若是不考虑重量因素就直接下结论,是既不科学也不严谨的。

之前有部队专门组织过手榴弹的投掷对比实验,结果显示:减轻手榴弹重量才是让普通战士能投远投准的最有效途径。如此一来,虽然不能直接证明哪一款手榴弹更优秀,但至少有了一个基本的评判标准。

为什么会有人坚信"有柄的手榴弹投的准"?有柄手榴弹最早源自第一次世界大战时期德国设计制造的1915式木柄手榴弹。这种有柄手榴弹一直可以延续到第二次世界大战时期的M24型手榴弹,其结构基本成熟,之后也没有再出现过革命性的突破。

这个时期的有柄手榴弹壳体为冲压的薄铁皮,装药量大,可以装170～180克高爆炸药,以爆轰波而非破片杀伤对方。相比之下,同期的60毫米迫击炮弹装药量也仅有100克左右。

有柄手榴弹的长木柄内有拉火绳、摩擦式拉火管、延期药、起爆管,拉火绳上栓有小瓷球方便拉扯,木柄下方有一个旋开的保护盖作为保险措施,整弹重量达到624克,长356毫米,头部最大直径60毫米。体积这么大又这么重的手榴弹,根本就不方便随身携带。

如果把木柄手榴

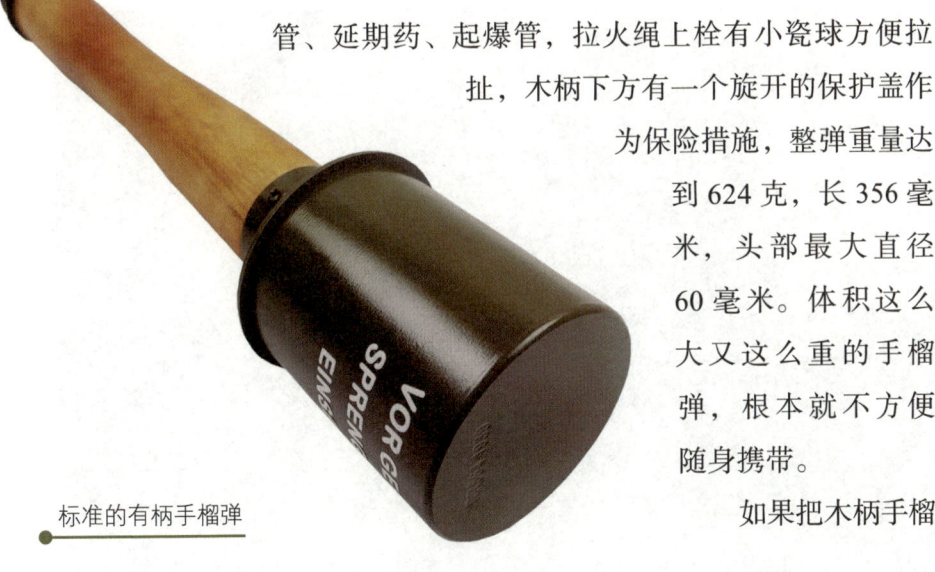

标准的有柄手榴弹

弹的木柄去掉，只留头上的那个战斗部，则没有木棍或者手柄来抓握，确实很难投掷出去，也很难投准。同时期的那些类似于"铅球"的球型无柄手榴弹，因为不好握持加之自身过重，在实战中根本扔不过有柄手榴弹。因此，根据实战的检验，当时的人们笃信手榴弹的木柄越长，扔得就越远。

这个时期，战斗双方在发起进攻时对手榴弹破片杀伤的需求并不强烈，特别是在近距离战斗中若是手榴弹产生了大量破片，还很容易误伤自己人。相比之下，手榴弹炸药装得越多越好用，而破片却不是很重要。到了后期，一线士兵嫌炸药杀伤力不够，就给弹体额外加了个破片套（这个破片套把手榴弹分为进攻型和防御型两种）。

美国 Mk2 手榴弹是典型的防御型手榴弹

德国M24手榴弹是典型的进攻型手榴弹

  进攻时使用"进攻型手榴弹"，炸药装量很大，用爆轰波杀伤对方，破片很少，不会误伤自己人；防御时使用"防御型手榴弹"，主要靠四散迸飞的破片杀伤对方，自己人隐蔽在工事里，不会被伤到（F1"柠檬"手榴弹就是典型的防御型手榴弹）。

  有柄手榴弹的制造工艺简单，长木柄内能容纳体积稍大的发火组件，变相降低了拉火管的制造难度。木柄的成形、钻孔、浸蜡防潮等工艺不需要复杂的机器和技工，堪用的木材相对于钢铁来说也更容易找到。加之它不需要发射器，也就没有枪弹炮弹那样严格的尺寸和强度标准，所有这些部件对于制造公差的要求就非常低，便于大批量制造。没有专用发射器意味着每个人都可以使用，加之其用途广泛，不仅可以杀伤敌人，还能集束起来作为爆破器材使用，用以破坏工事、建筑物和车辆，黑火药爆炸后还有一定的烟雾遮障效果。此外，有柄手榴弹还能在近身搏斗中当锤子使用，简直就是近战的万能神器。这样看来，好像有柄手榴弹已经"天下无敌"了，但若是木柄手榴弹真的这样无敌，就不会有后来的无柄手榴弹。

无柄手榴弹就是常说的卵形手榴弹，公认的代表作就是德国的1917式卵形手榴弹和英国的"米尔斯"手榴弹，而"有柄扔得远、无柄扔得近"这种说法的源头也恰恰来自德英两国军队的战场使用报告。根据第一次世界大战中的文献记载，德国的有柄手榴弹能投出25～40米，而同时期的无柄手榴弹却只能投出15～30米，乍看上去真像那么回事，好像给手榴弹加个长木柄就能投远点。

事实并非如此。因为"米尔斯"手榴弹的重量一直在变化，从早期的700克增加到后期的774克，始终比有柄的德国手榴弹重。早期的"米尔斯"手榴弹虽然体积小，但是弹径较粗，达到了58毫米，没有细长的木柄，抓握确实有些不方便。从这个角度看，无柄手榴弹投掷距离近的根本原因还是弹重过大，有柄手榴弹投得远主要是因为重量略轻，木柄粗细合适，且便于抓握发力。

在这个时期，"有柄扔得远"的说法虽然是正确的，但是也是有客观原因的。没有了木柄的体积限制，无柄手榴弹的整体体积小，便于运输和携带，这是相比有柄手榴弹最大的优势。没有了木柄，无柄手榴弹发火部件的一部分要塞入壳体，占据了一部分装药的空间，击针、底火、导火索、雷管组件就是弯成

U形塞进去的，雷管爆炸时，并不在装药的中心位置，再加上发火部件也会对雷管爆轰波的传递造成遮挡，因此会造成装药爆速的不均匀，同样影响破片的均匀性。

为了解决这个问题，大部分国家采用了翻板击针，缩短了发火组件的长度。例如，俄国军队直接把击针部分伸出来，弄了个小棍棍儿突出在弹体上，这样雷管就能装在装药中心了。

最初的无柄手榴弹壳体都是铸铁的，以降低成本；装药量也不超过100克，主要依靠破片杀伤对方，其弹体重量偏大，破片不均匀，危险界过大。有

威力巨大的M67无柄手榴弹

鉴于此，在后期均换成钢制冲压弹壳，内部刻槽或者钢丝缠绕的预制破片，还有塑料壳体内的压铸钢珠，不仅大大降低了重量和体积，还能增大装药量，形成均匀的高速（1000米/秒以上）小型破片。这些小型破片飞出一定距离后就没有了杀伤力，在确保近距离杀伤力的同时，使危险界变小，这也是一个进步。后期出现的美国M67手榴弹，装药量达到惊人的184克，已经超过有柄手榴弹，还有几百片小型预制破片，这是无柄手榴弹威力逆袭的典型。

无柄手榴弹虽然在投掷距离上略输一筹，开创的击针发火和保险握片却使得工业化国家短时间大批量生产手榴弹成为可能。击针簧、棒状击针或者翻板击针、铁丝保险销、保险握片、枪弹上司空见惯的底

手持木柄手榴弹的德军士兵

MELEE WEAPON ★ 步兵手中的重锤——手榴弹　　　　　　　　　　　　　　　　　　　　101

美国大兵习惯胸前挂两颗手榴弹

火、导火索和普通 6 号或 8 号火雷管，这些发火部件都是工业国家现成的或者可以迅速加工出来的简单工业品，弹体结构也简单，便于批量化组装。英国"米尔斯"手榴弹月产量达到 260 万枚，仅第一次世界大战期间英国就生产了约 7513 万枚手榴弹，这就是工业化大生产的优势，因此无柄手榴弹自然就成为当时最优的选择。

无柄手榴弹的握片保险属于出手保险，拔掉保险销后只要一直握住，就不会意外发火，比拉火管更好控制，对投掷者来说更安全；击针与火帽的构造利于防潮防水，储存寿命更长；保险销的存在，使得运输和携带都非常安全，整体可靠性也更好。

第二次世界大战期间，德国和中国都曾大量装备使用有柄手榴弹，而美国大兵使用的大都是无柄的卵形手榴弹。苏军一开始曾大量使用木柄手榴弹，到了战后却基本淘汰了，之后装备部队全都是无柄手榴弹。

苏军认为，相对无柄手榴弹，有柄手榴弹只有一个优势，那就是集束使用。单个手榴弹威力很弱，集束起来就会大幅增强威力，可以用来炸敌人坦克或者工事，也可以在防御时大量杀伤敌人。

可以集束使用的有柄手榴弹

MELEE WEAPON ★ 步兵手中的重锤——手榴弹　　　　　　　　　　　　　　　103

一战德军士兵手持木柄手榴弹，脚下是集束手榴弹

　　随着专用的反坦克手榴弹的出现，集束手榴弹的威力还不如单个手榴弹，因此到了战争后期，集束手榴弹的优势逐渐消失。根据战场的反馈，相对于早期的有柄手榴弹，前线的苏联士兵更喜欢无柄手榴弹。原因并不复杂，主要还是因为科技的发展，无柄手榴

志愿军战士向美军坦克投掷反坦克手榴弹

弹体积更小、重量更轻,不仅便于携带,且在相同载荷下,步兵可以携带更多的弹药。

在爆炸威力方面,无柄手榴弹爆炸半径高达20～30米,比有柄手榴弹的10米半径要强得太多。在安全性方面,无柄手榴弹通常有双重保险,而有柄手榴弹只有一层保护。在可靠性方面,有柄手榴弹采用中空木柄,很容易进入水气导致受潮失效;无柄手榴弹则是整体铸造,是完全封闭的金属结构,水汽无法进入。

选择有柄手榴弹与无柄手榴弹,并非是一个非此即彼的简单问题,而是随着战争需求的动态变化及科技水平的持续进步,结合成本与威力的综合考量,最终做出合理选择的结果。

手榴弹历经多年发展，尽管人们尝试将碰炸引信应用于手榴弹，但最终仍是普通的延期引信占据主流。这充分表明，武器装备设计必须兼顾成本效益与实际应用需求，以确保其在实际战场中的有效性与实用性。

对于手榴弹而言，采用有柄或无柄结构并非核心问题，关键在于制造工艺的提升、成本的有效控制及战场实用性的优化。这些因素才是武器装备在发展过程中必须跨越的关键门槛，也是决定其成功与否的核心要素。

步兵手中的"火炮"
——榴弹发射器

榴弹发射器是一种单兵轻武器,主要用于发射小型榴弹,口径通常为20～60毫米,射程为300～500米,具有体积小、火力强、配置灵活的特点,有较强的面杀伤威力和一定的破甲能力,可以有效地补充步兵火力的短板。榴弹发射器集枪炮的低伸弹道与迫击炮的弯曲弹道于一体,既可以毁伤开阔地带及野战掩蔽工事内的各类目标,也可以用来进行火力压制,可以极大提高步兵分队在现代战争中的独立作战能力。

从结构上看,现代榴弹发射器发射原理和普通火炮相似,基本上就是一个小型的、射程降低的、超轻型的手持火炮,甚至有人将其称为"步兵手中的火炮"。榴弹发射器本身并不是火炮，最重要的区别就在于它发射的是榴弹，而非"炮弹"，其结构虽然和火炮有些类似，但在细节上与火炮完全不同，其发射弹丸的原理主要有3大类：常规发射原理、高低压发射原理和瞬时高压原理。榴弹发射器还可以按照操作方式分为单人肩射型、附加型、枪口发射型、连发型等。弹丸有杀伤弹、杀伤破甲弹、榴霰弹，以及发烟、照明、信号、教练弹等。

从未来的发展上看，与步枪合为一体的附装型单发榴弹发射器将成为未来单兵榴弹发射器的主要发展方向。可以预料，无壳、可燃药筒和半可燃药筒技术，以及各种增程技术和新的发射原理将不断为这种似枪非枪、似炮非炮的边缘武器所吸收，并赋予榴弹发射器新的生命力。

比手臂掷得更远——
从枪榴弹到榴弹发射器

榴弹发射器的历史相对较短,仅有几十年。早期的榴弹发射器为了降低后坐力进行了一系列的设计,导致其本身射程不远,加之榴弹发射器一般都是滑膛结构,其发射的样式更类似于"火药动力抛射"。

榴弹发射器

"火药动力抛射"的射击原理与迫击炮有相似之处。正是因为如此,有人认为榴弹发射器的起源是迫击炮的简化版——"掷弹筒",但是这种观点并不准确。

步兵手中的"火炮"——榴弹发射器

掷弹筒

掷弹筒的瞄准装置，这样的瞄准器粗糙且不准确

虽然从结构上来说，榴弹发射器确实和掷弹筒类似，都是采取火药抛掷的方式将弹丸发射出去，但是二者的发展方向和发展历程却完全不同。讨论榴弹发射器的起源和发展，离不开手榴弹的进阶版本——枪

榴弹。

手榴弹作为一种古老的爆炸类武器，已有悠久的历史。最早因为手榴弹的出现而发展出来的"掷弹兵"，曾经是那个时代精锐兵种的特有称呼。手榴弹是"用手投掷的榴弹"，其本身的重量限制了投掷的距离和威力，最远投掷距离只有 100 米。

随着军事科技的不断进步，部分设计师开始思考是否可以将"用手投掷的榴弹"改进为"无须手动投掷的榴弹"。他们认为，可以利用步兵"随手可得的动力方式"来发射手榴弹这种小型爆炸物，步兵手中的步枪自然成为首选方案。

步枪子弹蕴含的动能不小，若是可以加以利用，一定比步兵手动投掷得更远，加之步枪本身的瞄准装置，弹药的"抛掷"精度也比手动投掷要强得多。当时的步兵苦于火力受限良久，对于火力的追求自然是越强越好，这个想法一经提出，便得到了大多数人的支持，随后经过不断改良和试验，最早的枪榴弹就应运而生了。

早期的枪榴弹构造和原理非常简单，就是在枪口位置套装一个简易的发射器，手榴弹简单改装即可直接发射出去，这个时期枪榴弹的弹丸其实就是专用的手榴弹。但是，枪榴弹不能直接使用普通子弹发射弹丸，通常需要使用空包弹，即没有弹头的子弹。这样一来，在弹药发射时，燃气动力作用于挂在枪口的枪榴弹，就可以让枪榴弹飞向打击的目标。到了后期，还发明出在枪榴弹中加入子弹捕捉装置，这样使用普通子弹也能发射枪榴弹。

MELEE WEAPON ★ 步兵手中的"火炮"——榴弹发射器　　　　　　　　　　　　　　　　　　　　　　　111

早期的枪榴弹的弹丸就是特制的"手榴弹"

　　枪榴弹的出现，是手榴弹的一个极大的补充，它的好处是比手榴弹"射程"明显要远得多。若是使用杀伤榴弹，抛射距离一般可以超过300米，甚至达到500～700米。因为速度快，枪榴弹弹丸还设有定向尾翼，实际上也能发射破甲弹，具有一定的打击装甲目标的能力。若是使用直瞄射击的模式，枪榴弹射程一般在100米以内。

　　提到枪榴弹，就不得不说大名鼎鼎的"米尔斯"手榴弹，这是人类历史上被广泛应用于手榴弹和枪榴弹互通的"名牌"手榴弹。"米尔斯"手榴弹由英国威廉·米尔斯设计师研发，1915年英国军方正式将"米尔斯"手榴弹定型为军用5号手榴弹，而第二款官方型号则彻底实现了手榴弹和枪榴弹的互通。

　　英国前线部队可以使用"恩菲尔德"步枪作为发射枪，发射"米尔斯"手榴弹。这一款用于步枪发射的手榴弹是专用的，底盖专门留有中心孔，附有一根长棒，分别插入手榴弹和枪膛中，使用时利用空包弹

带长棒的"米尔斯"手榴弹

击发，最远打击距离可达 180 米，比徒手投掷的手榴弹高出一个量级。

枪榴弹是一个过渡产物，也不是完美的。为使沉重的弹丸获得较高的飞行速度，枪榴弹在发射时会产生沉重的后坐力，不可避免地令士兵们难以忍受，这无疑极大降低了枪榴弹的作战效能。

后坐力较大的枪榴弹，射击精度自然不会很好，加上弹丸本身就是手榴弹，威力也极为有限。在第二次世界大战以后，这种简化版枪榴弹经过不断的改良，最后发展成为一种发射专用弹药的武器，榴弹发射器就已经有了雏形。

这样一款"史无前例"的新型武器，可追溯至1951年。当时美国陆军意识到在手榴弹的投掷距离（约50米）与60毫米迫击炮的最小射程（约400米）之间，存在一道显著的火力空白，亟待填补。尽管枪榴弹的出现为填补这一火力空白提供了可能，但仍存在发射步骤烦琐、射速缓慢、精度不足等问题。

为此，美国陆军展开了长达十余年的技术攻关与研究，并于1960年成功定型并生产了世界上第一款榴弹发射器。这一武器的问世不仅是军事装备发展史上的重要里程碑，更标志着榴弹发射器正式登上人类战争的舞台，开启了其独特的发展征程。

改进后的"米尔斯"枪榴弹，弹丸还是老样子

越战先锋——美国 M79 榴弹发射器

M79 榴弹发射器是美国陆军的中距离支援武器，有着大型膛室的设计，与一些大口径的截短霰弹枪在外形上十分相似。M79 榴弹发射器由美国斯普林菲尔德兵工厂于 1953 年开始研制，1960 年 10 月经美国陆军部批准正式定型并装备部队，1962 年首先在越南战场上使用，1971 年停产，1975 年退出美军现役。作为一款单兵近战武器，它主要用于杀伤有生目标，也可用于破甲、照明、信号、施放烟幕等，以加强步兵火力，填补手榴弹与迫击炮之间的火力空白，是公认的世界上第一具现代意义上的 40 毫米榴弹发射器。

作为一款"出现即巅峰"的出色武器，M79 榴弹发射器至今仍在英国、澳大利亚、韩国、伊朗及南美等近 30 个国家的军队中装备使用。

大名鼎鼎的 M79 榴弹发射器

毫无疑问，M79是美国独立开发的一种单兵榴弹发射器，其设计、定型、制造都是美国独立完成，和越南根本毫无关联。可偏偏就是这样的一款武器，却被许多人称为"越南榴弹发射器"。这究竟是怎么回事？

根据美国陆军的初始设想，榴弹发射器的核心在于在足够轻便的情况下降低后坐力且有足够的射程。其目的很明确，就是要用一种武器来填补手榴弹和迫击炮之间的空白，并规避枪榴弹的各种弊端。

1952年，美国阿伯丁试验场的陆军弹道研究所开始对专用的小型榴弹进行研究，并对40毫米战斗部的有效性给予了肯定。此时，美国陆军军械局在研制40毫米战斗部的发射机构时，选择了一种既能满足射程又不产生危及射手的后坐力的新型发射系统——高低压发射系统。

M79榴弹发射器

高低压发射系统采用高低压发射原理，这是一个划时代的设计方案，其设想是德国设计师在第二次世界大战中提出的。所谓的高低压发射原理，就是在弹丸的弹壳内底部设计一个小的厚壁壳装药室，作为发射药的存储室，药室周围设有专用的泄气孔，并且弹

药的药室和弹壳、榴弹之间是中空的。在弹药发射时，装药室里面是一个"高压区"，而火药燃气进入弹壳的空间内形成一个"低压区"，由此产生足够的推力，将弹头射出膛外。

在实际测试中，采用高低压原理发射的火药在装药室中燃烧产生的火药燃气压力高达240兆帕，高压燃气冲入相对空间较大的低压室后，压力旋即降

经过改良后的各种高爆榴弹

为 20 兆帕，气体继续膨胀，瞬间产生大量的推力射出弹丸。这样一来，不仅可以令弹壳内的火药充分燃烧，有效利用其产生和释放的能量，而且对弹药本体的材质要求可以放宽到轻金属制造的程度，能有效降低载荷，增加武器的使用寿命。

1952 年，美国陆军研制出了一种合适的"炮弹"，其战斗部是一枚直径 40 毫米的预制破片球，内置高爆炸药，由金属制成，爆炸后可以产生大量的杀伤破片。为了发射这枚"炮弹"的战斗部，美国皮卡汀尼兵工厂设计了一种长约 46 毫米的短粗形弹壳，完全采用高低压发射原理，由此诞生了 M406 破片杀伤高爆榴弹。

1953 年，美国陆军启动"齐射计划"，致力于在步兵武器方面取得革命性进步。虽然这个计划之中的大部分武器都失败了，但是"9 号杆计划"中的 S-3 榴弹发射器却顺利完成。"9 号杆计划"用高尔夫球中的 9 号铁杆来命名，使用这种球杆打出的球，出球角度为 35°～60°。美国军队使用这个名称，寓意为榴弹飞行弹道与 9 号铁杆打出的高尔夫球类似。

S-3 榴弹发射器是一种结构简单的武器，类似古老的单管霰弹枪，撅开式装填弹药。1953 年，美国开始设计 M406 破片杀伤高爆榴弹的发射器，撅开式装填方案 S-5 从多个方案中脱颖而出，被美国陆军选中。经过多次的改进，S-5 安装了由立框式照门和固定准星组成的全新瞄准系统，1960 年 12 月 15 日被美军采用并命名为 M79 榴弹发射器，并计划装备部队。M79 榴弹发射器重量仅 2.72 千克，后坐力也小，能抵肩射击，可以曲平两用，弹丸初速可以达到76米/秒，最大射程400米。

定型并批量生产的M79榴弹发射器只有5个主要部件：机匣、发射管组件、护木组件、折叠照门和枪托。发射榴弹时，士兵只需要将M79闭锁杠杆转向右侧，发射管就会依靠重力自动打开。而在发射管打开的同时，内置的击锤会自动呈待击位置。这时只

批量生产的M79及其配装的弹药

需将弹药安装到弹膛内，关闭弹膛和保险，然后将发射管对准目标，扣动扳机就可以将弹丸发射到目标头上，操作简便的同时，弹丸的威力也足够大。

1961年，首批M79榴弹发射器装备美国陆军后，迅速获得了前线士兵的广泛好评。M79榴弹发射器很快就成为一颗耀眼的"明星"，得到了"重击者""大管子""膨胀""放大版"等"亲切的"绰号，而后来装备了这种武器的澳大利亚士兵们甚至将其称为"树袋熊枪"。有部分士兵还自行截短了枪托和枪管，使其更加方便携带。

美军一线士兵之所以对M79榴弹发射器的出现表现出如此巨大的热情，主要还是它确实解决了一线部队的很多问题。对于习惯了"枪榴弹糟糕的射击精度和极大的后坐力，手榴弹的短投掷距离，以及迫击炮的沉重负担"的一线部队来说，M79榴弹发射器轻便、可靠，打击准确度高，可以配备到班组使用，为最小步兵单位提供了极为方便的机动火力。这些优点使M79榴弹发射器成为一款跨时代的武器，被美军士兵们戏称为"排长的炮兵"。

M79榴弹发射器是一种结构非常简单的武器，可以发射各种复杂的弹药。其发射的40毫米高爆榴弹初速为76米/秒，射出的弹丸会自动向右以620转/秒的转速旋转，这种自转可以让榴弹在飞行过程中保持稳定，同时也提供了解脱引信保险状态的离心力。这样的安全设计可以确保榴弹飞出发射管约30米后进入战斗状态。而早期的40毫米榴弹的安全距离则为14～27米，不能确保发射弹药的士兵个人安全。

MELEE WEAPON ★ 近战利器 利刃在手寒芒现

手持 M79 的美军士兵

20 世纪 60 年代，伴随着美军在越南如火如荼地展开行动，M79 榴弹发射器及其配备的 M406 高爆杀伤弹迅速投放至越南战场。美国陆军为了保持战术上的优势，几乎在每一个班组都配备了这样一款武器，在越南这片土地上肆意横行。

随着战事的持续推进，M79 榴弹发射器不可避免地被越南军队缴获并使用。到了战争后期，M79 几乎充斥了整个越南战场，交战双方手中都有大量的 M79 投入使用，这就导致战后越南军队中几乎每个班都配备有一具缴获的 M79 榴弹发射器。

M79 作为一款在越南战争中大放异彩的"明星"

武器，几乎全程参加了越南战争，因此有人戏称其为"越南榴弹发射器"，也算是一种对历史的调侃。具体被别人怎么称呼并不重要，毕竟 M79 榴弹发射器本来就有种类繁多的"外号"。作为一款经典的武器，M79 是难得的火力填充武器，是步兵手中最好的利器之一，无愧于"排长的炮兵"的称谓。

作为一款划时代的武器，M79 榴弹发射器并非完美无缺，它的缺点十分明显，如只能单发射击、射速比较缓慢、无法跟上战斗过程中的敌情变化等。

为了避免射手自身被 M79 发射的榴弹爆炸破片伤害，弹丸专门设置了最小射程（弹丸飞出 30 米才会自动解除保险），虽然安全性有了保证，却也造成了一个 30 米左右的"火力空白"，因此榴弹射手还需要配备手枪或冲锋枪作为自卫武器。加之榴弹的体积和重量比较大，单兵携带有限，在持续激烈的战斗中榴弹很容易消耗光，那时就只能依靠自卫武器来战斗。

M79 这样一款专用的榴弹发射器，在战斗中需要专门的士兵来操控，这相当于占用了一个"编制"，在某种程度上也影响了整体的战斗力。

作为一款经典的榴弹发射器，尽管 M79 诞生了 60 多年，技术已经过时，但是射击精度仍然比许多后来者要高，尤其是与继任者 M203、M230 这类下挂榴弹发射器相比，其射击精度具备天然的优势。因此，这款老式武器目前仍在世界各地广泛使用。甚至在 21 世纪伊拉克和阿富汗的军事行动中，美军排爆部队仍在使用 M79 榴弹发射器远距离引爆简易爆炸

M79 榴弹发射器

装置。

有小道消息称，美国海军"海豹突击队"第六分队，即所谓的"海军特种作战研究大队"，在击毙奥萨马·本·拉登的"海王星之矛"行动中就使用了M79榴弹发射器的缩短型。这批"订制"的M79发射管被截短，并将枪托改成小握把。虽然射程有所降低，但这种小型榴弹发射器可以将杀伤榴弹投到比手榴弹更远的地方，同时精度比传统手榴弹要高得多。据称，海豹突击队将这些特殊的M79称为"海盗枪"。

正如美国陆军最初所设想的那样，M79榴弹发射器填补了一个至今仍未有效解决的战术空白。部分观点认为，M79的出现恰好印证了一句经典格言："最简单的解决方案往往是最优的解决方案。"这一设计理念不仅体现了其功能上的高效性，也彰显了其在战术应用中的实用价值。

缩短的 M79"海盗枪"

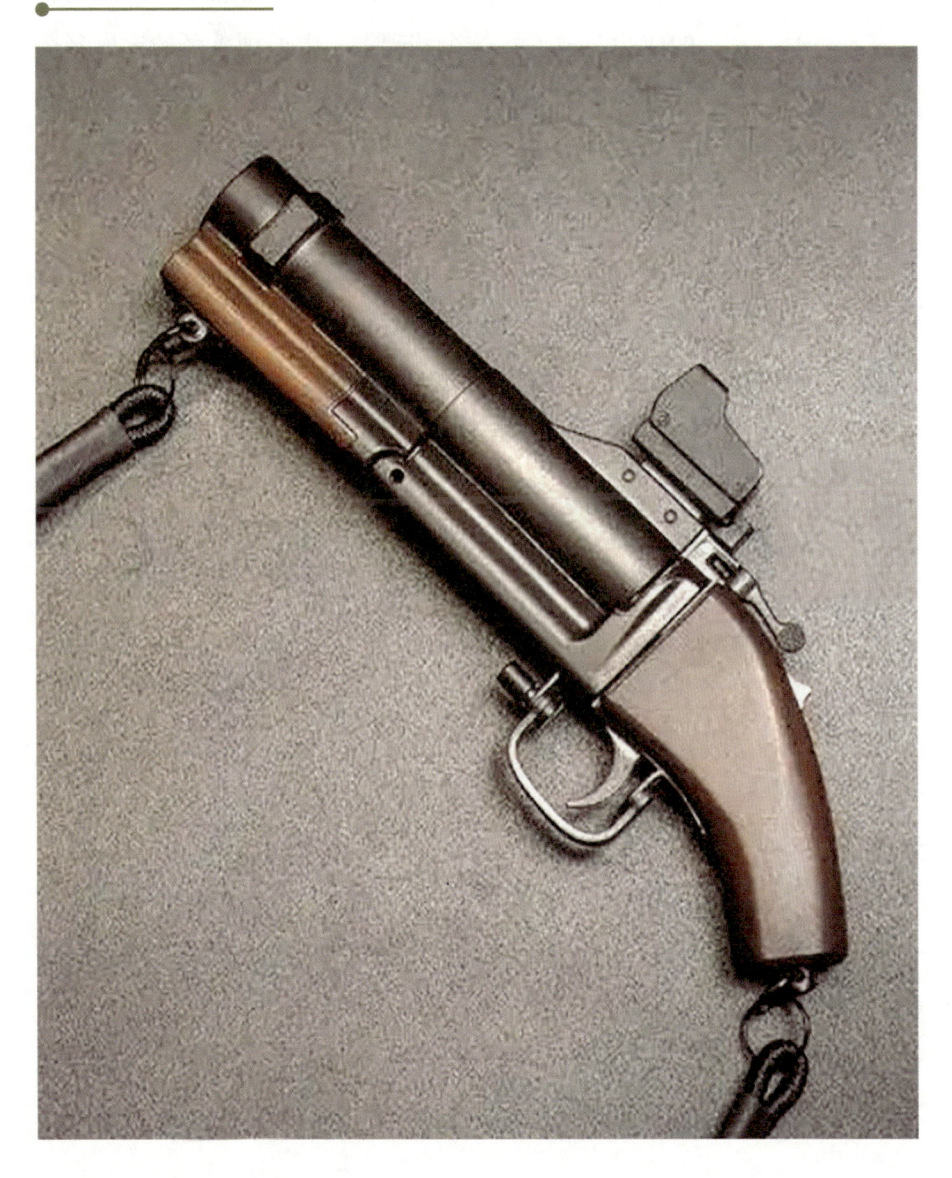

发射榴弹的大手枪——
德国 HK69 榴弹发射器

M79 是美国军队研发出来世界上第一具现代意义上的榴弹发射器，它在越南战场上的抢眼表现，为世界各国研发 40 毫米榴弹发射器提供了一种可以借鉴的成功范例。在这个基础上，由德国著名的枪械制造商赫克勒－科赫公司（简称 HK 公司）在 20 世纪 60 年代研发的 HK69A1 榴弹发射器，以其优异的性能在一众榴弹发射器中脱颖而出，成为那个时代的"佼佼者"。

HK69A1 榴弹发射器全貌

从源头来讲，德国 HK 公司计划研发的 40 毫米榴弹发射器，继承了第二次世界大战期间德国设计师在改装的 27 毫米信号枪上配以相应榴弹的设计，其设计本身确实也受了美国 M79 榴弹发射器在越南战场上成功使用的影响。1960 年初，HK 公司就开始了相关的研发工作，最初是打算设计一款具有"独立＋下挂"两种使用模式的榴弹发射器，基于这种理念，于 1969 年设计定型了 HK69（40 毫米）榴弹发射器。这是一款"独立＋下挂"两用模式的榴弹发射器，既可安装在 HK 公司生产的步枪上，也可直接通过手持发射。在经过部队试验后，HK 公司有针对性地对 HK69 进行了改进，并在 1972 年推出了改进型 HK69A1 榴弹发射器的第一具样枪，并在 1979 年最终设计定型。

由于最初定型的 HK69 极少投入使用，且生产数量极少，人们通常所说的 HK69 榴弹发射器其实是指其改进型 HK69A1，为了保证称呼的统一，下面将其称为 HK69 榴弹发射器。

最终定型并批量生产和列装的 HK69 榴弹发射器，是一款可以独立使用的手持式榴弹发射器，也称为"榴弹手枪"。在 1979 年定型后，德国国防军采用了 HK69A1 型榴弹发射器方案，但历史总是相似的，直到 1980 年初德国迪尔公司研制出 40 毫米高爆榴弹，该榴弹具有触发和定时双功能引信，才使 HK69A1 最终定型并正式装备德国军队。

HK69 榴弹发射器的设计初衷是使步兵能够在 350 米的距离内，有效地打击敌方阵地和人员。因此，它不仅可以发射高爆榴弹，还能发射烟雾弹和照明弹，具有极高的战场适应性。因为参考了M79榴弹发射器的设计，HK69采用单发设置，重量仅为2.6千克，在同类型榴弹发射器中算是相当轻便的。相对于M79固定的木制枪托，HK69采用可伸缩的管状枪托，末端安装了一个人体工程学设计的肩垫（橡胶材质），枪托展开时全长为683毫米，折叠时为463毫米，便于步兵在各种环境下快速部署。HK69枪管长度为356毫米，内径为55毫米，弹丸初速可达75米/秒（和M79一样），能够进行50～350米的瞄准调整。

HK69榴弹发射器采用了独特的"高低系统"（注意，这个高低系统和高低压发射系统是完全不同的）。这个高低系统是通过枪管的高低角度变化来实现弹药的发射，其主要结构是一个集成了所有机械部件和组件的框架。

枪托完全伸展开的状态，全长683毫米

HK69 榴弹发射器本身具有膛线枪管，前端可以向上翻起，便于装填和卸出弹壳。在"战斗准备"的状态下，枪管通过一个旋转锁扣固定在框架上。因为 HK69 的射击机制为单发式，其外露的击锤需要在装填后用拇指手动上膛。除了伸缩金属枪托和肩垫外，HK69A1 还配备了一个合成材料的手枪握把，以及用于悬挂背带的枪托旋转环。

主框架打开时的 HK69 榴弹发射器

在瞄准的精度上，HK69使用的是铁制瞄准具，包括一个可调的前瞄和后瞄，后者具有翻转式双孔瞄准，适用于短距离交战（有50米和100米两种模式），以及一个折叠式的梯形叶片瞄准，适用于远距离射击（有150米、200米、250米和350米4种模式）。这种设计使得榴弹发射器在不同的战场环境下都能保持精准的射击。

为了确保安全，设计师们还专门设计了一个手动的保险，可以防止意外发射。与传统的榴弹发射器不同，HK69没有设计专门的抽壳机构，取而代之的是在发射管尾端切割出来两个对称半圆缺口。通过这两个缺口，操作者可以手动移除用过的弹壳，这种设计

完整状态的HK69榴弹发射器

虽然看起来没有那么"智能"，也牺牲了一些效率，但简化了制造工艺，降低了整个发射器的重量，大大提高了发射器的可靠性和耐用性。正是因为有这些优点，HK公司设计制造的40毫米单发榴弹发射器都保留了这一设计，这也是追求武器实用性的一个典型设计。

HK69使用的是迪尔公司研制的40毫米高爆榴弹，这种弹药的威力巨大，可以将大部分致命碎片控制在5米的有效范围内，以减少在快速突击或近距离防御中的友军误伤。

总的来说，HK69是一种独立使用、单发、后膛装填的肩射式榴弹发射器。因为其机匣内有发射管和击发机组件，结构和造型都极为精简。

通常，使用者会将HK69装在大腿枪套中随身携带，加之其折叠后的大小与大号手枪相比差不多，使用方法和手枪也一般无二，因此被人们亲切称为"可以发射榴弹的大手枪"。

没有任何武器是完美无缺的。作为HK公司的第一代40毫米单发榴弹发射器，HK69具有高效、易用和便于射击的特点，其中许多设计要素已经成为经典，但与后来的产品相比存在着很多不足。

（1）HK69大部分采用钢制材料，使其重量相对较大，携行不便。

（2）HK69主体采用钢制材料，枪身在炎热环境中很容易发烫，而在极寒条件下又容易变得极冷。

（3）HK69采用单动发射机构，扳机力较小，缺乏双动发射机构那种直接扣动扳机即击发的能力，其

德军士兵正在使用 HK69 榴弹发射器

发射前需要用手扳动击锤实现待击，在遇到紧急情况时会贻误战机。

虽然 HK69 榴弹发射器一开始的设计用途是军用的单兵装备，但随着日益增长的反恐需求，加之非致命性弹药的出现，使得 HK69 被大量装备警察使用，用以执行日常的巡逻任务。后期的 HK69 设计了两种型号，分为大型和小型两种照门，其中：小型照门用于 50～100 米的近距离射击，适合警用；大型照门则用于 150～350 米的远距离，适合军用。发展到后来，警用的改装型 HK69 榴弹发射器的装备数量竟然比军用型还要多，成为一款"名不符实"的军用单兵装备。

很多人认为，在当今世界的各类武器装备之中，尤其是在先进战机、舰艇、导弹等众多高精尖的"明星兵器"光环笼罩下，榴弹发射器就是一个"最没有存在感的"军用单兵装备。自从越南战争以来，榴弹发射器就成为一些国家陆军步兵班的标配。但是一谈到班用武器，人们第一时间想到的往往是突击步枪、班用机枪、手榴弹、单兵反坦克火箭筒等，很少有人想到榴弹发射器。当前，世界各国设计制造的装甲目标防护更加坚固，榴弹发射器的破甲功能完全不能与反装甲专用的火箭筒、反坦克导弹、单兵无后坐力炮相比。很多人甚至由此得出结论：榴弹发射器已经过时，不应继续留在军用装备序列里。

事实上，榴弹发射器已成为现代战争中不可或缺的利器。2017年2月，在伊拉克北部巴格兹村，一队英军遭到躲在房屋中的"伊斯兰国"（IS）极端组织成员袭击。英军用MGL转轮榴弹发射器发起攻击，6发榴弹让30余名IS成员当场毙命。榴弹发射器的威力可见一斑。

随着现代战争对火力需求的不断提升，单兵榴弹发射器的作用不仅不会减弱，反而可能会进一步得到强化。时代的发展与科技的进步使得武器装备不断革新，而在其历史背景下，HK69无疑是一款卓越的杰作。此后，HK公司相继推出了多款优秀的榴弹发射器，其中大多数均借鉴了HK69的部分设计理念，充分体现了其经久不衰的设计价值与深远影响。

"步榴合一"的先驱——
美国 XM148 榴弹发射器

在人类的武器装备发展史上，有很多没有正式定型并批量装备部队的试验型武器，虽然它们因为各种各样的问题没有得到"正式"的承认，但是它们也为武器装备的发展提供了不一样的思路。在榴弹发射器的发展史上，也有这样一款堪称枪挂式榴弹发射器鼻祖的试验型号：美国 XM148 榴弹发射器。

XM148 榴弹发射器

步兵手中的"火炮"——榴弹发射器

在越南战争早期，能够发射40毫米高爆榴弹的M79榴弹发射器是美军步兵班使用的主要火力杀伤武器。虽然M79非常可靠，为步兵班组提供了有效的支援火力，但其缺点也是极其明显的：M79榴弹发射器的榴弹手需要配备手枪作为备用武器，若要使用榴弹发射器，那么步兵班组会失去一位步枪手，从编制角度来看并不是很理想。

为了解决这个"占编制"的问题，美国军方决定参考早期枪榴弹的设计，研发一种枪挂式榴弹发射器，以达到点面杀伤兼备的效果。这个设计理念在现在来看好像很平常，武器的模块化、轻量化是大势所趋，但在当时十分超前。

若是提及枪挂式榴弹发射器，很多人第一个想到的是美国军队列装的M203榴弹发射器，并认为M203是第一款枪挂式榴弹发射器。在M203正式登上历史舞台之前，还有一款名为XM148的试验型号，它才真正是枪挂式榴弹发射器的鼻祖。

M203榴弹发射器

在武器发展史上，很多人认为M203榴弹发射器是世界上第一款真正意义上的枪挂式榴弹发射器，这从某种意义上来说确实是正确的，但这里又提到"XM148是枪挂式榴弹发射器的鼻祖"，这到底是怎么一回事？二者之间有什么联系与区分？接下来看一看真实的历史。

早在1963年，在M79榴弹发射器装备部队之后，美国军方立即启动了"攻击型榴弹发射器"研制计划。虽然这个计划提出的"点面武器"概念来自以前就已经存在的"特种用途单兵武器"计划概念，后者因过于苛刻以至于无疾而终，但在试验过程中却发现在制式步枪上安装榴弹发射器的想法是有效的。既然这种想法有效，那么就可以再试试。这样一试，一款全新的榴弹发射器就应运而生了，这就是不容忽视的XM148榴弹发射器。

XM148 榴弹发射器

美国军方的初步设想是试验将一款新的榴弹发射器安装在步枪上，这种步榴复合体不仅可以起到加强步兵火力的作用，还不需要占用多余的"编制"。有了这样的需求，历史的齿轮开始转动，一批又一批的试验型号被设计出来。

1964年5月，柯尔特公司设计的一款新式榴弹发射器从众多厂商之间杀出重围，得到了军方的青睐。

这个榴弹发射器最初以厂牌冠名，被称为CGL-4"柯尔特榴弹发射器4型"。经过初步试验，CGL-4在1965年5月被美国陆军正式定型为XM148，并进一步进行试验。在试验测试阶段，柯尔特公司共交付了约27400具XM148榴弹发射器。美军在1965至1967年对XM148榴弹发射器进行了实测，并将其投入越南战争接受实战的检验。

XM148榴弹发射器的机匣外壳和筒体均由铝合金制成，整体看起来有点像"大管套小管"的结构，瞄准器是铁制的，安装在筒体的左侧。比较特别的是，XM148的扳机是单动型的，在发射器后端贴近步枪机匣位置，射击前必须使用突出的扳机进行手动

加装了XM148的步枪

上膛，让撞针处于待击发状态，然后扣动扳机完成击发动作。

XM148榴弹发射器后段位置有一个带按压保险的小握把，装填时需要按下保险向前推动握把，将套管向前滑出，并向露出的弹膛塞入榴弹，再向后拉回勾住，即可实现弹膛闭锁。射击结束后，再重复装填过程。这种操作方式极大影响了后来出现的M203榴弹发射器。

此外，XM148采用了开创性的延长杆式扳机，其长度甚至延伸到了步枪的扳机位置。使用者在发射榴弹时，无须把手从步枪握把上挪开，即可直接扣动榴弹发射器的扳机；不使用时，扳机可以向上旋转，

成套的XM148榴弹发射器

步兵手中的"火炮"——榴弹发射器

美军士兵手持挂载 XM148 的 M16 步枪

最终沿着步枪的上机匣侧固定放置。不得不说，该思路符合人机工程学。

XM148 最初是为了 M16 步枪所设计的，但随着 CAR-15 这类短突击步枪的大量使用，为短突击步枪装备 XM148 的需求也大幅激增，为了提升兼容性，出现了适合搭配榴弹发射器使用的过渡性产品，成为美国特种部队在越战时期的标志之一。毫无疑问，XM148 榴弹发射器是一款革命性的兵器，既解决了单独的榴弹发射器"占编制"的问题，又可以最大限度发挥榴弹的爆破威力，具有开创性意义。

尽管从越南战争的经验来看，M16 步枪下挂的 XM148 榴弹发射器被证明是在丛林作战中十分有效的面杀伤武器。但随着战争的旷日持久，XM148 存在的问题也开始逐渐暴露。

经过美军试用之后的调查发现，士兵们对这种"步榴合一"的设计很是满意，他们非常欢迎这一款将榴弹发射器和步枪结合的概念设计，能够同时提供点面杀伤能力。同时，美军士兵反馈了几个缺点：加装了 XM148 之后，M16 步枪的射速和携弹量有所下

不同时期的 XM148

降，反应时间要更久；在保养维护方面，部分维护步骤过于烦琐：连接 XM148 和 M16E1 的小六角螺丝和锁定销很容易丢失；整套系统很难清洁，螺纹容易生锈，手枪型握把容易破损。

此外，XM148 的瞄准具不容易维护且精度差，又不结实，容易损坏；外露的扳机及扳机拉杆操作费劲，压簧力足有 14 千克，但却容易被拉断；击发装置结构复杂，机匣也不牢固，容易裂开。

针对这些意见，柯尔特公司对 XM148 榴弹发射器进行了针对性的调整和改进，总计有 3 款不同时期的榴弹发射器列装前线部队，最后的结果还是不尽如人意。总而言之，XM148 的设计尽管在理念上首开先河，却不受部队欢迎。

相对于美国陆军而言，美国的海豹突击队愿意采用 XM148，因为他们的巡逻小队规模小，一旦遭遇强大的敌人就必须迅速以猛烈的火力压制，趁着敌人还没有醒悟过来前迅速脱离，因此挂在突击步枪下的 XM148 就显得非常有用。由此可见，没有不好的武器，只有用错了场景的武器。

XM148 榴弹发射器尽管从众多竞争者中脱颖而出，但最终仍未能在美军中实现大规模列装。它从诞生之日起就一直没有能拿掉象征非正式装备的字母"X"，只是一个在实验和发展阶段的型号。因此，有人认为，比 XM148 晚出现但却属于"正式编制"的 M203 榴弹发射器才是真正意义上的第一款枪挂式榴弹发射器，这个说法也不是没有依据的。

通过多年的试验和改进，美国陆军在 1967 年正式拒绝装备 XM148。因此，美国陆军武器研究部门在 1967 年 7 月宣布进行枪挂式榴弹发射器的投标。经过一番严格的对比试验，最后中标的是 AAI 公司的 XM203 样品，1970 年 8 月被正式命名为 M203 榴弹发射器。

和 XM148 不同，M203 不再采用内外筒设计，它的发射筒装在一个可前后滑动的导轨上，装填时先把发射筒朝前推，让出装填空间，再从发射筒后方装填榴弹，将发射筒往回拉，与后方的击发机构扣合闭锁，这样就可以发射榴弹了。M203 不再使用延长的扳机拉杆，而是在发射器尾部设置扳机，这样射手发射榴弹时要用左手握弹匣扣扳机发射。

M203 的使用并不复杂，甚至可以说是简单方便，将 M203 安装到武器上只需 5 分钟，唯一需要的工具是一把螺丝刀。M203 上没有瞄准镜，瞄准镜必须安

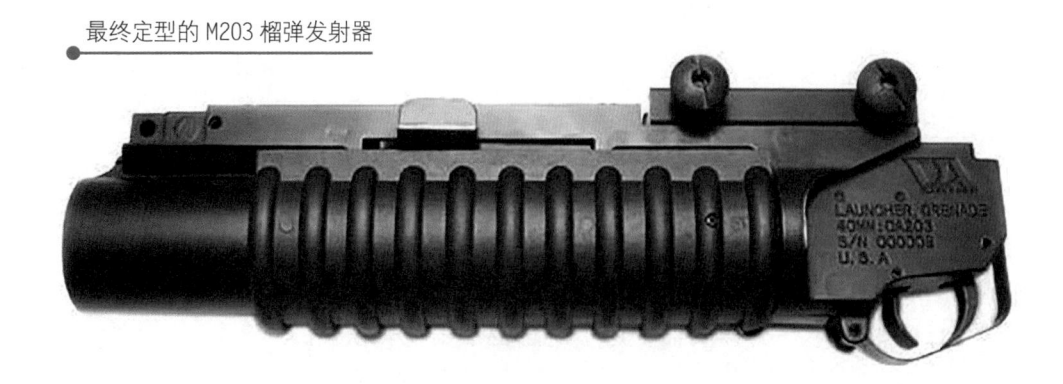

最终定型的 M203 榴弹发射器

挂载 M203 的 M16 步枪

装在与发射器相连的武器上。安装在主武器上的瞄准镜由前叶片和后梯形组成，设置范围为 50～250 米，以 50 米为单位递增。

美制 M203 榴弹发射器是世界上第一款正式装备部队的枪挂式榴弹发射器，XM148 也可以算是世界上第一款正式参加战场检验的枪挂式榴弹发射器。虽然 XM148 榴弹发射器以失败收场，但是"步榴合一"的探索却永远记录在历史中，成为枪挂式榴弹发射器的先驱者。

或许，先驱者的使命在于为后来者奠定基石，使其得以站在巨人的肩膀上砥砺前行。或许，本就不存

美军士兵手持挂载 M203 的 M16 步枪射击瞬间

在完美无缺的武器，唯有适合与不适合之分。无论如何，先驱者的探索必将为后世所铭记，并以其为基础不断改进，最终演化为一种全新的武器，以另一种形式延续其生命，推动其发展与传承。

"一次性"更有性价比——俄罗斯 GPR-20 榴弹发射器

GPR-20 是俄罗斯研制的枪挂式榴弹发射器，这一款榴弹发射器非常特殊，它发射的是火箭助推榴弹，甚至有人认为它是一款枪挂火箭发射器。

武器的发展总是百花齐放的。虽然第一款真正意义上的现代榴弹发射器出自美国陆军之手，但是在美国陆军之前，也有很多国家在尝试解决步兵手中手榴弹和迫击炮之间的火力空白问题。就如同 XM148 的出现一样，还有很多"被淘汰"的试验型号湮灭在了历史的尘埃中。随着榴弹发射器的出现、改进和不断发展，制约榴弹发射器进一步发展的障碍主要是装备

俄罗斯 GPR-20 榴弹发射器

和弹药的携带方式，以及射击的精度和威力。

在这一背景下，部分设计师提出：既然"榴弹发射器"的发明初衷是填补步兵火力的空白。为何不采取更直接的方式，像子弹一样为手榴弹配备发射装置，使其成为"能够自行飞行的手榴弹"？这一设想经过研发后，设计师们成功为手榴弹加装了发射装置，即一次性榴弹发射器。

根据有限的资料表明，苏联设计师在20世纪70年代设计制造了一款一次性榴弹发射器，其外形与一个大号的手电筒类似；士兵可以像携带普通手榴弹一样，一次携带多枚榴弹进行作战。这款武器依旧采用高低压发射原理，只是在具体细节上进一步得到了改良，主要是通过底火被引燃时的部分燃气提高密闭空间的压力并推动弹头前进，随后引燃弹尾的发射药以爆发更强的推力，也就是说榴弹在发射过程中经历了两个阶段的递增推力。

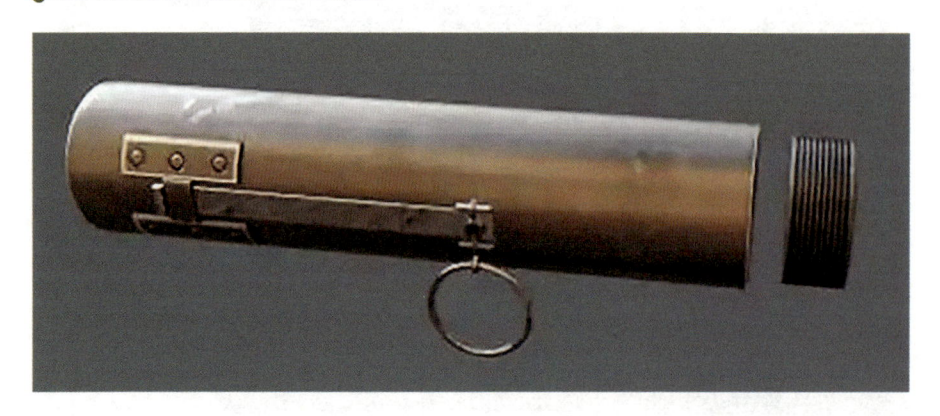

苏联研发的"一次性榴弹发射器"

这款榴弹发射器可以发射 40 毫米口径的榴弹，重 500 克，也就是一枚大号手榴弹的分量。弹药自带底火和发射药，采用炮口装填的方式，因此发射后也没有弹壳残留。根据资料显示，其设计时还融入了无后坐力炮的技术原理。也就是说，发射管尾部并不是固定密封的，在发射时相关部件会向后飞出，起到配重物的功能，从而降低射击后坐力，因此使用时发射筒的尾部不能对着人体。

从这些细节上看，设计师的初衷确实是好的，这样的一次性榴弹发射器就相当于一款大号的"手榴弹"，不需要专门携带榴弹发射器和弹药这样的装备，只需要随身携带一些"弹药"即可，既免去了装填的麻烦，也节省了步兵的体力，还可以填补步兵火力的空白，看起来优势十分明显。

理论是丰满的，但现实却是骨感的。设计理念哪怕再先进，也不能掩盖其在战场和测试中的真实表现，毕竟只有实践才是检验真理的唯一标准。这款一次性榴弹发射器最大的问题和缺陷就是没有专用且精准的瞄准结构，射击只能依靠士兵经验调整角度。

有过射击经验的人都知道，300 米的距离若是没有精准的瞄准工具，仅凭经验来射击，除非十分优秀的射手，其他人都很难命中目标。再加上弹道弯曲等因素，这款一次性榴弹发射器的射击精度实际上很差。若是弹药不能准确落到敌人头上，那么哪怕扔得再远，又有什么用呢？

最后经过测试证明，这一款榴弹发射器的实用价值很低，没有哪个士兵愿意携带这么个玩意儿上战场。相比之下，当时已经通过实战检验的步枪下挂式的榴弹发射器，无论是精度还是便携性都是更好的，更不用说专门发射榴弹的单兵榴弹发射器了。

无独有偶，20世纪70年代，美国军队也在研发"一次性"榴弹发射器，但与苏联研发的一次性榴弹发射器不同的是，这一款被称为"步枪手的突袭武器（RAW）"的榴弹发射器在20世纪90年代初取得成功并获得少量生产试用。

RAW是美国布伦斯威克防务公司研制的一种枪

RAW一次性榴弹发射器

步兵手中的"火炮"——榴弹发射器

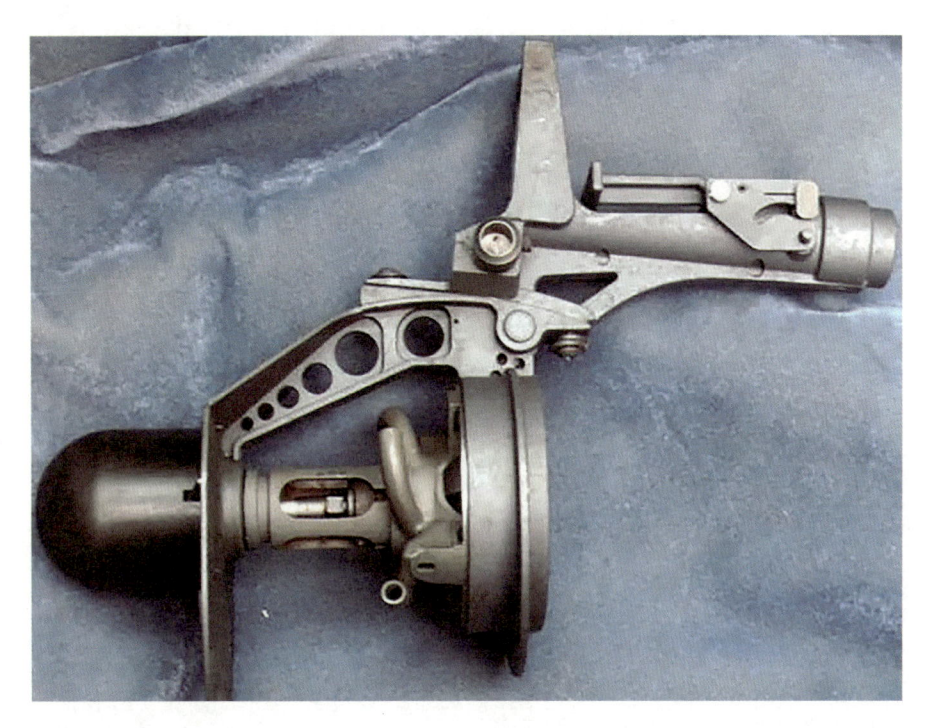

RAW 的发射器特写

挂式榴弹发射器，专门作为美军 M16 制式突击步枪的配套设备使用，主要用于打击常规建筑物、简易工事或集群目标，之所以将其单独拿出来讲解，是因为其造型十分独特，看起来就像是一个挂载在枪口下的"球"。

RAW 榴弹发射器整套设备由附加的枪口发射器和特制的榴弹组成，其发射器通过卡扣直接固定在步枪枪管上。与其他榴弹发射器不同的是，RAW 的发射器并没有常规榴弹发射器的手动扳机等部件，也不采用空包弹发射弹丸，而是通过发射器的内置管道从枪口引出一部分燃气，驱动撞针击打弹药底火发射弹丸，发射器本身并不影响步枪的正常射击。

RAW 发射一种直径 140 毫米的灯泡形状榴弹，这款弹药的尺寸不小，重量也不轻，弹体超过 1 千克。与常见的流线型弹药不同，其尾部有底火和小型的火箭推进器，被燃气驱动的撞针击打底火进而引燃发动机燃烧产生推力，推力在飞行中逐渐变大，直至弹药的燃料燃烧完毕，再通过惯性继续飞行。

RAW 弹药的发动机除了主喷口之外还有 2 个偏转喷口，它们赋予弹药旋转稳定的能力，以便于提高射击的精度。弹头采用碰撞引信，填充的爆炸物可以在 200 毫米厚的钢筋混凝土墙上炸出一个直径 360 毫米的洞，如果融入预制破片就能有效杀伤人员目标，

RAW 配备小型火箭推进器的专用弹药

另外还可发展破甲弹、催泪弹等弹种。弹药在固体火箭的驱动下能达到 200 米/秒的最大飞行速度，曲射最大射程可以达到 1500 米。

因为 RAW 的弹药属于软发射，后坐力很低，对发射场地没有限制，其发射火光小，尾气对射手也没有影响，在 200 米范围内弹道较为平直，射手可以通过步枪的瞄具进行直瞄射击，在交战距离较近的城市街巷等环境下很好用。

RAW 的发射器经过较长时间的研发，美国军队在 20 世纪 90 年代初少量生产用于部队测试，经过检验，这种发射器不会影响 M16 步枪的正常射击，拆除和安装不需要专门的工具，也不需要额外准备空包弹，战斗中可以有效摧毁砖石、混凝土建筑，杀伤无防护的人员，对普通轻装甲目标也有一定威胁。但是，它也有一些固定的缺陷，最主要的还是其本身的自重过大，发射器加上弹药重量超过 4 千克，会对射击动作产生严重的重心偏移，140 毫米直径的弹药尺寸偏大，士兵携带很不方便，携带弹药数量也不会太多。最终 RAW 并未大规模投入生产，和苏联的那款一次性榴弹发射器均作为"失败者"被永久封存起来。

世界总是充满了意外，在某个不经意间就能在原来失败的地方开出不一样的花朵。就如同"失败者"XM148 榴弹发射器虽然没能把自己的"X"去掉，但其理念却被后来者 M203 继承并发扬光大一般，作为后来者的俄罗斯 GPR-20 榴弹发射器就是一次性榴弹发射器的继承者和发扬者。

MELEE WEAPON ★ 近战利器 利刃在手寒芒现

挂载在步枪上的 GPR-20 榴弹发射器

  GPR-20 榴弹发射器的定位介于枪挂式榴弹发射器和一次性火箭筒之间，与其他同种武器相比，它的最大特色在于发射的弹丸是一款特制的 40 毫米无弹壳榴弹，和 RAW 有些相似。这种榴弹没有弹壳，而是直接将发射药装填在弹体内部。发射药被引燃后，燃烧气体就会从弹体尾部喷出，以此产生推力将弹丸推出，弹丸本身的飞行原理比较类似火箭弹。

  这款创新性的 GPR-20 榴弹发射器采用预制弹药结构，由安装在枪管下方的发射支架和装有榴弹的一次性容器组成。榴弹在工厂内直接被封装到容器内，容器既充当储存和携带工具，又直接作为发射管使用。榴弹在离开发射管 10 米后，其自带的火箭发动机才会点燃。射击手在将一次性榴弹发射出去后，即可将容器从发射架上拆除并丢弃，如有战斗需要则可以将装有榴弹的新容器重新安装到发射架上。除此之外，GPR-20还有防止意外发射的保险装置，保险装置会防止扳机被无意触碰。GPR-20配备独立的瞄准具，一名士兵一分钟可以发射4到5发榴弹。

GPR-20榴弹发射器可以安装到不同型号的步枪上，包括俄罗斯陆军的标准步枪——卡拉什尼科夫。相比GP-25、GP-30、GP-34等俄罗斯制式的枪挂榴弹发射器，GPR-20发射架更加轻便。将GPR-20安装在步枪枪管下方，操作时会比配备其他下挂榴弹发射器的步枪更加轻松。

更重要的是，GPR-20的有效射程可以达到800米，是其他大多数下挂榴弹发射器的2倍。在这样远的距离上精准击中目标确实会有些难度，因此真正的有效射程为300～500米。根据资料显示，GPR-20榴弹的杀伤半径可达20米，爆炸威力相当于250克TNT，这对于非装甲目标、轻型装甲车辆和轻型建筑结构具有毁灭性的破坏效果。因此，即使GPR-20在远距离射击精度上并不是特别精确，但是这个缺点很容易被其榴弹的杀伤半径所弥补。由于其杀伤半径较大，因此可以用一发榴弹杀伤多个单兵目标。

虽然俄罗斯GPR-20榴弹发射器也被称为"一次性榴弹发射器"，其理念和设计与苏联的那一款"一次性榴弹发射器"没有相似之处。严格意义上说，根本无法将后者作为前者的继承和延续。先驱者之所以伟大，其意义就在于它为后来者提供了一种方向和可能，更为后来者留下了宝贵的经验和教训，这本身就是一种智慧的传承，无所谓优劣，更无所谓对错。

在不远的未来，类似于 GPR-20 的一次性武器系统有望得到广泛应用。其威力和射程能够有效应对轻装甲目标及小型坚固工事等介于软硬之间的战术需求。此外，该武器系统具备良好的便携性，且其自带发动机的弹药设计支持在密闭空间内发射，从而显著减轻步兵的作战负担，提升战场适应性与作战效能。

发射榴弹的狙击枪——
美国"佩劳德"榴弹发射器

巴雷特 XM109 "佩劳德"是由美国巴雷特公司研发生产的重型半自动狙击榴弹发射器，能发射 25×59 毫米 OCSW 高爆连发榴弹。

榴弹发射器从诞生之日发展到现在，产生了很多细分领域的佼佼者，有的侧重于增大威力和便携性（如 GPR-20），有的则强调实用性和操作性（如 HK69），这些发展的方向都是经过实战检验并得到了广泛认可的。那么，若是不断在射击精度上"精益求精"，是不是一个好的选项呢？

在很早以前，针对射击精度不足的问题，有人提出了一种观点"用增加武器杀伤半径的方法弥补射击精度的偏差"。这种专业术语若是用大白话来说，就是"如果精度不够，就拿威力来凑"。

大量的实践证明，大面积的火力覆盖确实可以弥

巴雷特 XM109 "佩劳德"榴弹发射器

补精度上的缺陷，但对于单个目标来说，这样做的成本收益比（或者效费比）实在太差。火力覆盖的范围若是小于精度的误差，结果只能是"撞大运"，很有可能就变成无用功，徒然地浪费弹药和资源。

一直以来，设计师们一直力图在保证武器装备火力的前提下，尽可能提高射击的精度。据此，有人提出了一个大胆的想法：既然榴弹发射器的火力尚可，若是把它和狙击步枪结合在一起，会不会更好一些？毕竟之前有过反器材武器的成功案例，而反器材武器和榴弹发射器的口径也差不多，在技术上应该是不难实现的，如果这一设想得以实现，便有可能达到一加一大于二的理想效果。基于这一理念，"狙击榴弹发射器"迅速被研发出来。

提到狙击榴弹发射器，就不得不提一下反器材武器。因为有很多人都会将"狙击榴"误认为是一款大口径的"反器材武器"，无非发射的弹药不同而已，这种看法是不正确的。

所谓的"反器材武器"，全称为反器材狙击步枪，亦称为大口径狙击步枪，其设计源头来自第一次世界大战时期的大口径反坦克步枪。其实它就是一种新型的大口径步枪，因为口径大，其自重也较大，一般都会带有瞄准镜和支架，是一种专破坏军用器材及物资的狙击步枪，口径一般为2.7～20毫米（达到20毫米的型号很少）。为保证射击精度，往往需要使用前脚架支撑，才可以稳定射击，也有少数型号可以做到抵肩射击。

标准的反器材狙击步枪

反器材狙击步枪是一种特殊的大口径狙击步枪,主要作战对象是敌方的装甲车、飞机、工事掩体、船只等有一定防护能力的高价值目标,也可以用来在远距离上杀伤敌方作战人员,威力巨大,能够轻松打穿防弹玻璃、防弹背心等。正是因为肩负这样的作战任务,反器材狙击步枪普遍采用大口径高破坏力的子弹,多为穿甲弹、爆裂弹、高爆子弹、远程狙击弹等特种子弹,有效射程远,有的甚至可以达到4000米以上。

由于现代坦克装甲保护力极高且防护手段多样,普通的穿甲弹已经极难击穿,大威力步枪的用途在现代亦有所改变。传统的反器材狙击步枪多为手动,并非自动或半自动,精度只能保证射击固定目标或显眼的装甲车辆,实际作战中,很难击中远于一般狙击步枪射程外的有效目标。

从反器材武器的特性可以看出,其本质的核心还是一款"枪",而非榴弹发射器。狙击榴弹发射器和反器材武器确实是有些相似,但二者却是完全不同的两个"物种",最大的区别还是发射弹药和发射理念。

武器是有界限的,制造武器的公司却可以是没有界限的。提到反器材武器,家喻户晓的武器公司应该就是美国巴雷特公司,他们研制生产的巴雷特M82A1重型狙击步枪是当今使用最广泛的大口径狙击步枪之一,现已装备英国、法国、比利时、意大

现代的主战坦克防护能力极强

XM109 "佩劳德"狙击榴弹发射器

利、丹麦、芬兰、希腊、意大利、墨西哥、葡萄牙、荷兰、沙特阿拉伯、瑞典、西班牙、土耳其等30多个国家的军队或警察部队。

美国枪械制造商巴雷特公司研发及生产的25毫米口径狙击型半自动榴弹发射器——巴雷特XM109"佩劳德"（"佩劳德"为Payload的音译，意为"有效负载"）是"狙击榴"的典型代表。历史总是会在某个不经意间交汇，"佩劳德"榴弹发射器型号为XM109，其起源正是巴雷特公司设计制造的M107大口径狙击步枪。

所有武器的诞生都是为了满足某项具体的作战需求，"佩劳德"也不例外。巴雷特公司很早就有研制榴弹发射器的想法，只是一直都没有机会实现。直到

MELEE WEAPON ★ 近战利器　利刃在手寒芒现

20 世纪 90 年代第二次海湾战争之后，美国军队迫切需要在前线配置一种在 800 米距离内破坏坦克、装甲车辆，以及停在地面上的敌军飞机等高价值目标的改进型武器。

尽管反器材武器巴雷特 M82A1 基本符合美国陆军和特种部队的要求，但是仍需要采用高爆燃烧及穿甲弹药才能满足军方对提高毁伤力的要求。战场环境转瞬即逝，特制的弹药往往意味着后勤保障的成本翻倍，根据当时的作战条件，传统的反器材步枪已经无法满足实战的需求。

已经装备美国陆军的 M82A1 大口径狙击步枪

此时，尘封已久的那个念头又浮出了水面：将反器材武器和榴弹发射器取长补短，融为一体，最终形成一款全新的武器装备。经过进一步的调研，巴雷特公司的设计师们发现美国陆军研制的25毫米榴弹非常理想，可以满足将反器材步枪改造为榴弹发射器的要求。设计师直接使用了巴雷特狙击步枪的外壳，安装了新的机匣、枪管等部件，使用5发弹匣供弹，半自动射击。"狙击榴"最大的问题来自后坐力，毕竟25毫米榴弹和12.7毫米子弹有着本质的区别，巨大后坐力还会带来机匣运动过猛等一系列问题。为了适应弹药方面的需求，设计师们最终专门设计了一种转换装置，令M82A1大口径狙击步枪的下机匣可以适应25毫米的榴弹弹药，便最终成就了XM109"佩劳德"。

这个工作听起来很容易，实际上却完全不简单，因为发射25×59毫米高爆弹药的后坐力明显比发射狙击步枪弹要大。对于任何半自动或自动武器来说，枪机速度是一个非常关键的指标，它直接影响后坐系统的每一个组成部分。如果枪机抽壳的速度太快，弹壳底部很有可能被拉断。

为此，设计师重新设计了一具更大尺寸的枪口制退器，原本狙击枪的枪管短后坐原理被继承，使用了受力更强的后坐系统，新增了2根复进弹簧和2个液压缓冲器，降低枪管后坐冲击的同时也有利于降低枪机的运动速度，让抽壳动作变得顺畅，减少卡壳的概率。

XM109狙击枪的其他部件与巴雷特狙击枪基本

一致，如握把、枪托、两脚架等，枪身顶部的皮卡汀尼导轨可以安装不同的瞄准具，因为弹道特性不同，具体可选的配件还是略有区别于狙击枪。

以巴雷特公司的技术改装这样一款狙击榴并不困难，由于整个系统基于M82A1狙击步枪，因此XM109"佩劳德"的设计工作仅仅用了2个月时间。原型装备测试数据表明，它的后坐力在可承受范围内，与12号口径马格南霰弹的后坐力相当，25毫米弹药表现出的弹道特性也与12.7毫米子弹相似，适合远程打击，只是精度更差，用来打击车辆这样的大尺寸目标足够，破坏力也比12.7毫米子弹更大，远距离反人员作战则不如巴雷特狙击枪。

美军士兵正在使用"佩劳德"射击

相对于 M82A1 大口径狙击步枪来说，"佩劳德"主要有两项大的改动。

（1）"佩劳德"设置了两根额外的枪管复位簧和两组液压缓冲器。这些装置能够将枪机运动速度降低到一个合理水平，以免因枪机速度过快导致抽壳过于突然，造成弹壳底部被拉断。重新设计的枪口制退器有效减小了"佩劳德"的后坐力。

（2）"佩劳德"将 25×59 毫米高爆榴弹作为制式弹药使用，这款高爆榴弹是一种"未来单兵作战弹药"，已经发展出 HEAB、HEDP 等多种型号，一些型号具备预先编程的能力，可在预期的空中爆炸，提升打击能力。或许有人会认为 25×59 毫米弹药的破坏力不如其他 35 或 40 毫米等更大口径的榴弹，实际上这种弹药并非高速弹药，弹头内容纳爆炸物的空间比例更大，加上引信小型化、高爆材料等因素，其破坏力仍然不可小觑，因此美国军方还在继续研发此类弹药，目前已经发展出穿甲弹、空爆闪光弹等弹种，未来可能会成为美军单兵武器的主力榴弹。

根据实测数据，除了尺寸因素外，该弹在人体可以承受的发射力和毁伤性两个方面达到了完美的结合。通过利用引信小型化方面的最新成果，25 毫米榴弹将可以装填更多的炸药及有效载荷，令"佩劳德"具有更高的潜在毁伤能力。

正是有了这些改进和突破，巴雷特公司在 2004 年至 2006 年间生产了原型榴弹发射器。"佩劳德"最终全长 1168 毫米，空重 15.06 千克，弹夹容量为 5 发，枪管长 447 毫米，枪口初速 425 米/秒，有效射程 2000 米，最大射程 3600 米，具有惊人的杀伤威力，火力之大甚至可摧毁轻型装甲车。它具有击破 2 千米远的轻装甲及材料目标的能力，主要执行远距离狙击任务。

事实上，只需要更换上机匣和几个部件，就能将一支 M82A1 狙击步枪转换成 XM109 "佩劳德"榴弹发射器。由于继承了 M82A1 狙击步枪的结构，XM109 "佩劳德"的精度很高，但榴弹的精度毕竟无法与专用狙击步枪弹相比。XM109 "佩劳德"更适合对车辆、直升机等大型目标进行打击。由于采用了空爆榴弹，XM109 "佩劳德"也可以对掩体后的敌军、敌方狙击手和机枪手进行精确打击。对于这些目标，即使没有直接命中，空爆榴弹也可以造成严重伤害。

由于过分注重口径导致全重过大（20 多千克），不利于狙击手频繁转移阵地。由于发射时的声响和烟雾都比较大，容易暴露自己，增加了被对方狙击手发现的危险性。使用 XM109 的射手比使用普通狙击步枪的射手具有更大的危险性。

在最终的测试中，美国军方认为 XM109 "佩劳德"的后坐力还是过大，同时为普通榴弹发射器继续研制昂贵的编程榴弹显然是不合算的，因此 XM109 "佩劳德"没有装备部队，最终也没有能够将象征试验型号的 "X" 去掉，只能在 2006 年就离开了舞台，成为淘汰队伍中的一员。

相较于传统的单兵榴弹发射器，尽管 "狙击榴"这一称谓颇具吸引力，但其本质上仍属于一种精度相对较高的榴弹发射器。由于弹药的尺寸限制，其威力亦存在一定的上限，因此并不具备过多的神秘性。然而任何对武器装备的探索与创新均值得肯定，即便是那些"昙花一现"的武器系统，也凝聚了人类智慧与技术的结晶，体现了军事科技发展的多样性与创新精神。

XM109"佩劳德"狙击榴弹发射器

反装甲神器——火箭筒

火箭筒是一种可以发射火箭弹的便携式反坦克武器,主要发射火箭破甲弹,也可发射火箭榴弹或其他火箭弹,用于近距离摧毁坦克、步兵战车、装甲人员运输车、军事器材和野战工事。火箭筒本身弹道低伸、射击精度较高,加之射速高、火力猛、杀伤效果大,适于城镇巷战,也能在碉堡、掩体及野战工事内使用,战场生存能力较强。

火箭筒具备重量小、结构简单、操作方便、造价低,可以单兵携带,易于大量生产和装备等特点,自出现以来,一直都是步兵近程反坦克作战的主要武器之一。根据发射的弹丸和发射方式的不同,火箭筒主要分为两种类型:一种是火箭型;另一种是无后坐力炮型。无论是哪一种类型的火箭筒，其实都是在两端开口的钢制发射筒内发射，基本发射原理也是相通的。两种类型的弹丸区别在于：一种是自带火箭发动机的弹丸；另一种是外附发射药的弹丸。

为了进一步提高破甲威力，现代火箭筒的设计趋向于增大口径和优化弹头设计。为了提高对运动目标的命中率，还出现了集测距、瞄准、计算提前量三合一的火箭筒专用瞄准具，有的国家还研制了带试射枪的火箭筒。一次性使用的火箭筒和大威力反坦克火箭筒也得到了较为普遍的重视和发展。弹药也在往多功能单兵弹药的方向发展。

总的说来，火箭筒还是一款正在发展的武器，未来依旧大有可为。

步兵与坦克的较量——从穿甲弹到火箭筒

第一次世界大战中,坦克第一次出现在战场上,一经亮相就为步兵带来了巨大的麻烦,之后更是被冠上了"陆战之王"的称号,足以见得其战斗力之强悍。其后,世界各国争相发展出了以坦克为核心的各种装甲武器,属于装甲车辆的时代来临了。这些皮糙肉厚难以打掉,在战场上隆隆作响横冲直撞的钢铁怪兽,给各国的武器工程师们都出了一个大大难题,那就是如何能更高效地解决掉它们,或者至少要让一线步兵在面对装甲目标时不至于手足无措、无计可施,只能抱头鼠窜、徒呼奈何。

反坦克地雷

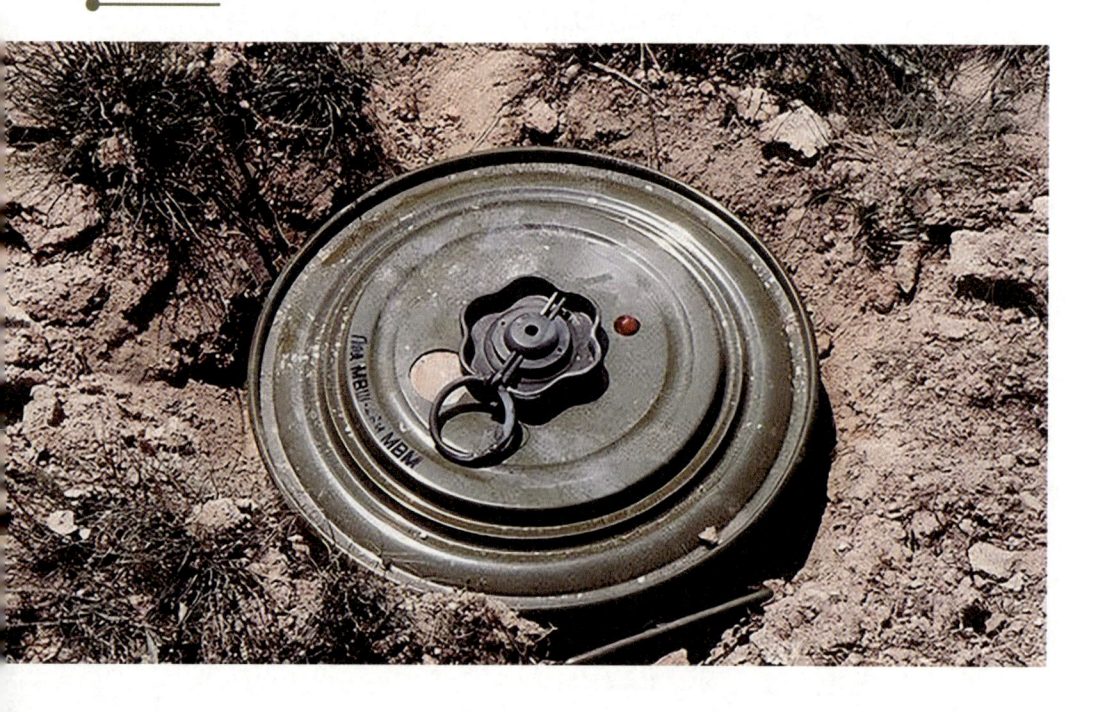

早期的解决方案是采用威力巨大的大口径火炮来打击坦克和装甲目标，这也是当时可以威胁到装甲目标的最有效武器。只是这些大威力的火炮机动性能不足，严重依托阵地防护，难以对快速移动的装甲目标进行有效的火力打击。当一线部队没有这种武器时，除了反坦克地雷、反坦克壕沟和障碍物外，步兵基本没有能力阻挡敌人的装甲目标。

第二次世界大战期间，坦克得到了广泛应用，尤其是德国以装甲目标为基础采取的战术，给美、英、苏等反法西斯盟国的军队以巨大威胁。针对这种威胁，各国都大力研制便携式的步兵反坦克武器，只是这个时期的反坦克手段还比较单一，尤其对步兵来说，可以使用的只有反坦克手榴弹和枪榴弹等有限的几种武器。

反坦克手榴弹的出现还是比较早的，只是一开始它们是以集束手榴弹的方式出现的，即便是之后的改进型也十分笨重且不便携带，受重量的限制，其作用距离最多也只有几十米。

反坦克手榴弹

很多历史学家认为，第一次令单兵拥有远距离穿透装甲能力的武器应该是德国在第一次世界大战时期装备的大口径反坦克步枪，尽管其穿透能力有限，但在当时已是不小的突破。

德国军队尝试了用步枪发射拥有穿甲能力的K型穿甲子弹，这种子弹理论上可以击穿9毫米装甲，在当时的战场条件下确实已经足够用了。坦克的装甲一直在变得更厚更重也更强，当K型穿甲子弹变得无效时，德国军队研制出了世界上第一款反坦克步枪——毛瑟M1918（毛瑟1918T-Gewehr）。这种13.2毫米口径的毛瑟反坦克步枪被认为是世界上第一款反器材狙

士兵用反坦克手榴弹伏击坦克

K型穿甲子弹及弹头

击步枪。它的装备时间是1918年2月，德国士兵将这种反坦克枪戏称为"大象枪"，也就是用来打大象的步枪。

M1918反坦克步枪结构简单，就是一柄大号的毛瑟枪，只是使用13.2毫米大口径子弹。使用这种子弹，射击手可以在100米内击穿20毫米钢板。根据资料显示，该枪使用起来极不友好，后坐力过大，分量又过重（没有子弹的空枪都有16千克），作用距离又过近（100米），但这已经是一款具有开创意义的新式武器了。

通过实战的检验，反坦克步枪的子弹仅仅能够贯穿坦克的装甲板，却难以造成更大的次生伤害。这种子弹即便击中装甲目标，如果没有射中装甲车辆内重要设备或者击毙装甲兵，实战的效果也只能说一般。在百米距离内，射击手很难有机会再开第二枪，这样

13.2毫米口径「大象枪」

的武器对于步兵来说只能算是"聊胜于无"了。

M1918反坦克步枪虽然是一百多年前的产物，它的理念却没有消失。作为世界上第一款反坦克步枪，M1918是反器材武器的鼻祖。现在世界各国的军队多多少少均有装备一定的反器材武器，最重要的目的就是保证步兵在稍远的距离上能够对敌人的装甲目标造成威胁，增加步兵战术的多样性。

火箭筒的历史并不悠久，其根源可以追溯到第一次世界大战期间，美国工程师罗伯特发明了火箭筒的早期雏形，可是这种非常有前途的武器在战争结束时就被终止了研发。主要原因还是第一次世界大战期间装甲车辆投入战场的数量并不大，受当时技术的限制，武器弹药的小型化程度不高，难以制造出适合步兵使用的"火箭筒"。

虽然火箭筒这款武器的研发被停止，但是这种设计理念并没有湮灭在历史长河中。到了1933年，美国陆军为"反坦克"这个目标创建了一个"单兵火箭筒研究局",研究单兵火箭筒的使用可能性。

由于研究经费及传统偏见的桎梏,当时大部分人认为反坦克枪榴弹才是发展的主流,因此1940年前,单兵火箭筒项目几乎没有任何进展。即使到了1940年初,美国陆军把主要的精力都放在了枪榴弹上。

这个关于枪榴弹的研究不是没有成果的,最后产生的是一款经过改良和瘦身的、可以用步枪发射的M9反坦克枪榴弹,这是一款比较成功的武器,随即带动了一系列枪榴弹的发展。

枪榴弹的威力还是不尽如人意,它需要专用的弹药和装备,对于步兵来说负担不仅没有减轻,反而加重了不少。在这个时期,能够让步兵可以"单独"抗衡坦克等装甲车辆的单兵武器还没有真正出现。

M9 反坦克枪榴弹

火箭筒发展的转机很快就来了。随着第二次世界大战期间德国采用了以装甲车为主体的闪击战，那些装备传统重型反坦克火炮的步兵单位经常成为德军的重点打击对象。虽然这些部队装备了有效的反坦克武器，但由于这些武器十分笨重、操作不便、难以转移且容易被侦查发现，战斗很快就变成了"一边倒"的灭杀。因此当美国不可避免地被拉入欧洲战场时，开发一款能够单兵携带、快捷使用、有效对付坦克等装甲车辆的步兵武器，就成为美军新型武器装备开发的必然选择。直到此时，单兵火箭筒项目终于获得了足够的关注。

1942年，经过设计师们不懈的努力和探索，将火箭发动机与聚能装药弹头结合到一起的火箭弹取得了重大突破。随着弹药的突破和发展，发射这个弹药的火箭筒终于登上了历史的舞台。火箭筒一经出现，就以低廉的价格和简单的结构，使得大量生产和装备成为可能，令单个步兵在面对坦克、装甲车辆这些"陆战之王"时有了更多更强的选择，就连相应的战术也有了突破性的变革。

由于火箭筒使用方便，兼具便携性和多功能性，可以在多种战场环境中使用，无论是城市战还是野外反坦克作战，它很快就成为步兵手中的重要武器，能够快速部署到战场的不同区域。

总之，火箭筒作为一种轻便且高效的反坦克武器，在提升军队作战效能及适应现代战争需求方面具有重要的战略意义。其便携性与火力优势不仅增强了单兵作战能力，也为战术部署提供了更大的灵活性，从而在现代战场环境中发挥着不可替代的作用。

催命"小长号"——美国"巴祖卡"火箭筒

"巴祖卡"火箭筒，是在世界战争史中第一个亮相的火箭筒。毫无疑问，第一次出现在战场上的"巴祖卡"火箭筒是所有火箭筒的鼻祖，也是真正意义上的世界第一款反坦克火箭筒。"巴祖卡"火箭筒的早期型号M1一经出现，直接惊艳了世界，成为那个时期当之无愧的"明星"武器，更是凭借其领先的设计理念和威力成为一种全新的制式反坦克"标兵"。

1942年5月，由美国单兵火箭筒研究局的陆军上尉莱斯利·斯金奈担任主设计师设计的一款新型的武器装备，在号称"世界上被炸得最多的土地"——美

"巴祖卡"火箭筒

国阿伯丁试验场进行测试时一鸣惊人，精确击毁了数个目标，得到了在场所有人员的认可。这款被测试的武器威力巨大，尤其是在射击精度、有效发射能力、毁伤威力指标这3个方面均表现出色，很快就得到了军方的认可并定型生产。

这就是历史记载中世界第一款火箭筒的首次亮相，直到此刻火箭筒才真正地走进了人们的视线。此时的人们还不知道这款武器究竟意味着什么，更不知道今后会在武器界掀起多么大的一股风浪。

如果是写小说，完全可以把那一天的测试描绘成默默无闻的"小字辈"突然杀出重围，用绝世武功把一众"老前辈"打翻在地，成功实现了"屌丝逆袭"，从此一路平步青云，扶摇直上九万里。这款新型武器很快就直接定型，成为火箭筒界的元老——"巴祖卡"。

一切的成功都不是一蹴而就的。任何一款武器的出现都要经历一个过程，它们要想得到所有人的认可，也只能用自己的实力说话，甚至还要带上一丝运

「巴祖卡」M1A1型火箭筒

气的成分。现实的世界永远不会像小说中描写的那样简单直接，反而充满了意外和挫折，"巴祖卡"的研发过程也是如此，毫无例外。

"巴祖卡"的主设计师斯金奈在1944年接受美国《陆军武器》期刊的采访中申明，1942年5月时值第二次世界大战的战火最盛之际，美国陆军武器部组织的那次对新型T1发射器及其火箭弹的测试演示，可以称得上一场不成则败的测试，如果不能成功则很难再寻求第二次测试的机会。斯金奈的研发小队仅仅在测试的前一天才对这款新型武器进行了第一次实弹射击，因为在早前很多不同火箭弹的测试中，多次发生了火箭弹提前爆炸的事故，甚至曾造成人员严重伤亡。而这一款T1发射器及其火箭弹在官方测试之前，尚没有进行足够的安全测试，可以说参加这场测试完全是一场赌博。

在正式参加测试时，负责演示的研发小队成员需要极大的勇气，甚至可以说是冒着生命危险。富有戏剧性的是，进行具体测试的工作人员在回忆录中提到：到了实际测试时，他发现准备射击的发射器上没有安装瞄具，在试射的过程中，他在地面上发现了一枚钉子，就用这枚钉子给新发射器制作了一个临时的瞄具。直到此时，连瞄具都只是一枚普通得不能再普通的钉子的T1发射器通过了这个测试。直到此刻，这款武器才真正闯过了第一关，获得了崭露头角的机会，才有了后来的M1火箭筒。

"巴祖卡"火箭筒之所以被人称为"小长号"，这并非是它的"外号"，而是其"本名"，因为"巴祖卡"就是"小长号"一词的音译。这种火箭筒之所以被命名为"巴祖卡"这个有趣的昵称，是因为其外形与当时一名电台喜剧演员发明的名为"巴祖卡"的粗管长号极为相似。

有一本书中是如此记载的："新发射器及火箭弹的官方测试结果非常令人满意，在测试当天就被命名。由于其外形与喜剧演员鲍勃·伯恩斯所发明的一种名为'巴祖卡'的小长号非常相似，因此被一名曾多次进行火箭弹射击的军官命名为'巴祖卡'火箭筒，新型火箭筒的名称就这样定了下来。"

真正的"巴祖卡"小长号

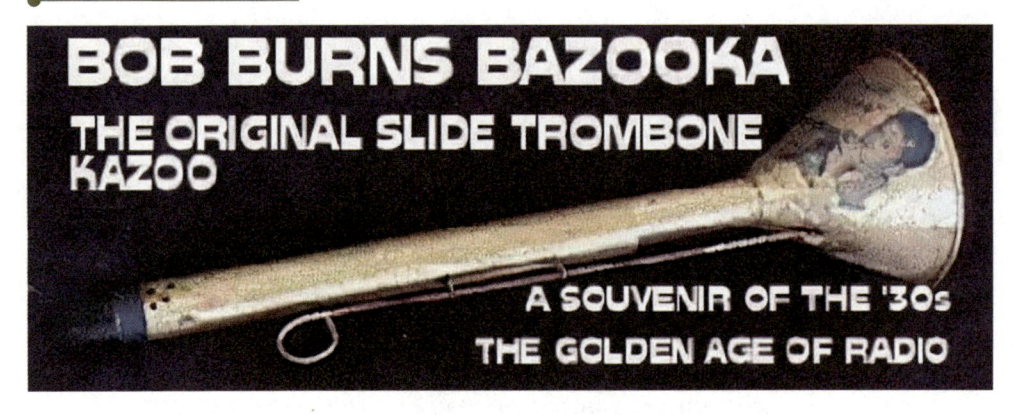

"巴祖卡"火箭筒的发明，可以说是军事装备发展史上第一次使步兵拥有了一款专为穿透装甲而特别设计的武器。它开辟了反坦克火箭筒的先河，其威力完全不是步枪子弹和枪榴弹可以比肩的。

就拿火箭筒发射的普通破甲弹为例，弹丸击发后爆炸所产生的射流，在穿透目标的装甲后会带着碎片高速喷射入车辆内部，从而进一步杀伤人员、破坏器

反装甲神器——火箭筒

"巴祖卡"最早的 M1 和其后的改进型 M1A1

械。尤其厉害的是，这样的高温射流很容易引燃弹药，导致装甲目标产生新的次生伤害，发生剧烈的殉爆。这种效果是子弹和破片杀伤的榴弹完全无法达到的。

"巴祖卡"火箭筒早期的型号是 1942 年 7 月定型的 M1 系列（距离第一次测试成功仅仅过去了两个月，足以见得其性能的优异以及前线的急迫需求），外形与后续型号相比，差别较大。

刚刚定型的"巴祖卡"M1 火箭筒全长 1524 毫米，重 8 千克（含弹重 1.55 千克），由金属发射管、木质枪托、手柄和瞄具组成，其发射的 60 毫米聚能装药火箭弹能击穿 75～100 毫米的各类装甲，最大射程 300 米。

"巴祖卡"M1 火箭筒的主体是一根长 1.38 米的无缝钢管。钢管左侧焊接有简易机械瞄具，下方有两个带有护片的握把和一个大型的木制肩托。其火箭筒口部有一个不大的方形挡焰片，尾部有一个钢丝焊成的喇叭状支架，支架的作用不是消除后喷尾焰，而是防止筒尾因磕碰变形而影响火箭弹的装填。在筒身中、后部均设有金属加固环，以减小筒身变形的可能性。这些设计或多或少地都被后来的各型火箭筒所效仿，甚至现代的火箭筒样式也与其有些相似之处。

"巴祖卡"M1采用肩部发射，利用电击发的原理，装填的弹药为60毫米反坦克火箭弹，火箭弹的尾部刻意安装了一个方形挡焰片，在击中目标时会将内部的金属挤压成一股高压金属射流，再由漏斗状的结构喷射而出，不仅会以极高的速度击穿目标装甲，还会对目标内部的人员和装备进行二次伤害。

后续的改进型"巴祖卡"M1A1诞生于1943年7月，它改进了筒身和电池的结构，外观上最明显的变化就是取消了前握把和筒身上方的接线盒。为了更好地保护射手免受火箭弹发射时产生的后喷燃气的伤害，M1A1火箭筒还在筒口部安装了一个大型的喇叭状挡焰圈。为了保证使用安全和延长击发电路中电池的寿命，在握把上还增加了一个手动的保险，等等。

毫无疑问，"巴祖卡"火箭筒一经在欧洲战场亮相，就得到了巨大的成功，引起了交战各方的广泛关注，成为战场之上炙手可热的"明星"。第二次世界大战期间，"巴祖卡"火箭筒的主要型号包括M1、M1A1、M9、M9A1等，战后则陆续出现了M20、M20B1、M20A1、M25等改进型。

没有任何武器可以一直风光下去。虽然在第二次世界大战初期"巴祖卡"M1及M1A1在战场上都取得了巨大的成功，美军主力步兵师平均装备量多达557具，给德国军队的装甲目标造成了极大的损失，但美国陆军军械部还是认为它的60毫米口径过小，在坦克装甲不断加厚的形势下很快就会变得过时（不得不说，美国陆军军械部的研判确实是正确的，后续的发展就是如此）。

在1944年底之前，美国陆军又在"巴祖卡"的基础上推陈出新，设计出一种更有效的放大型号，其口径增加到88.9毫米，并将其称为"超级巴祖卡"。然而美国国防部拒不接受这种武器，尽管"超级巴祖卡"的试射已经取得成功，也只能束之高阁。在整个第二次世界大战期间，美国陆军使用的都是60毫米口径的"巴祖卡"M1和其改进型M1A1。

事实证明，美国陆军军械部的担忧是正确的。1945年的战场记录表明，在对付德国陆军的"虎"式等新型坦克时，盟军现役的60毫米"巴祖卡"火箭筒的口径显得太小，威力明显不足，正面打击几乎无法对"虎"式坦克的装甲造成实质性的威胁。只是此时第二次世界大战已经接近尾声，

"虎"式坦克恐怖的正面

瑟瑟发抖的"巴祖卡"射手

纳粹德国已经完全失去了战场的主动权,"虎"式坦克的威名再显赫也无力回天,"巴祖卡"也没有机会得到进一步的改进,"超级巴祖卡"依旧被束之高阁。

1950年夏,朝鲜战争爆发,在朝鲜人民军的钢铁洪流面前,"巴祖卡"暴露出口径过小、威力不足的严重缺陷。尤其是1950年7月5日,当美军第24步兵师"史密斯特遣队"遭遇朝鲜人民军105坦克师时,60毫米"巴祖卡"对苏制T34/85坦克几乎毫无办法,其中一辆坦克连中22枚火箭弹居然仍能开动,整个特遣队在坦克履带的碾压下很快溃散。在两天后的平泽防御战中,美军第24步兵师第34步兵团又遭重创,团长马丁上校在操纵"巴祖卡"对一辆T34/85坦克开火时被先行击毙。

鲜血的教训总是令人警醒。美国陆军军械部终于想起了1944年研制的"超级巴祖卡",并迅速派人找出图纸并重新启用。仅仅几周时间,美国本土的数家兵工厂就赶制了数千具"超级巴祖卡"和配套的弹药,空运到西海岸并立即装船运往朝鲜战场,有些甚至用飞机直接投送到了前线的部队手中。

借朝鲜战争之机得以"死而复生"的"超级巴祖卡"最终被定型为M20,带有大型整体式护圈的握把和钢板折成的肩托,除口径增大外,长度也增加至1.53米。为便于携带,"超级巴祖卡"的改进型号M20A1将发射筒设计为可拆卸的两截式,前后两筒长度基本相同,约0.76米。

朝鲜战争初期美国士兵使用的"巴祖卡"

"超级巴祖卡"的前筒是结构简单的滑膛无缝钢管，重约 2 千克，口部焊接有喇叭状挡焰圈，筒外焊有固定环和准星等，后部焊接有连接突笋，与后筒前端的环形卡槽相配合可将两段发射筒固定在一起。

"超级巴祖卡"的后筒重约 4.3 千克。主体仍旧是一根结构比较复杂的无缝钢管，前部焊有卡槽，尾部焊有喇叭状的护圈，下方前部焊接有握把及护圈，握把内装有点火用电磁发电机和大型扳机，握把后部、筒身左侧焊有可折叠标尺，筒身中部下方有钢板弯折而成的大型肩托，通过两个卡箍以蝶形螺母固定在筒身上，卡箍同时起到压住导线的作用，筒身末端上方焊接有火箭弹挡板和导线连接固定装置。

"超级巴祖卡"配用的是 M28 系列火箭弹。其中常见的 M28A2 高爆破甲弹与 M6A1 火箭弹的结构基本一样，但外径和体积都大为增加，局部细节设计也更加完善。药形罩改为铜制单锥等壁厚药形罩，装药为 875 克，锥形圆顶风帽以螺纹的方式与后弹体固定。该弹配用 M404 系列机械触发引信，保险装置只有使用前取下的保险带和保险销，发射时击针体只受到隔离簧的限制。

M28 系列火箭弹的发动机内有 12 根发射药柱，连接座内有密封物隔离，用来防止火药燃烧的热量传递给引信。电点火管上有蓝、红、绿 3 根导线引出，穿过尾塞分别固定在环形尾翼的不同位置上，平时有保险夹将各线分开，防止短路。

M28 系列火箭弹在装填前需要先将弹上的保险带和短路夹取下，装填到位后，发射筒击发装置内的挡

「超级巴祖卡」火箭筒

板就会卡入尾环上的沟槽，从而将火箭弹固定。此时火箭弹尾部靠前的一个圆环与击发装置内的点火卡爪已经接触，而后部的尾环与发射筒也已接触，从而构成了一个点火回路。

当射手扣动扳机时，"超级巴祖卡"电磁发电机产生一个电流脉冲，流经回路时启动火箭弹发动机内的点火管，进而点燃火箭弹发动机内部的装药，在燃气压力达到一定值后，吹掉喷管口部的密封片，进而推动火箭弹飞出发射筒。弹种的增多，使得"超级巴祖卡"系列的用途更加广泛，除打击装甲目标外，对付固定火力点和工事也非常有效。

总的来说，"巴祖卡"火箭筒结构简单、坚固可靠，可以在非常恶劣的环境下使用。作为一款开创性的武器装备，虽然每次改进设计之后，"巴祖卡"火美军士兵使用『超级巴祖卡』

箭筒的所有型号都或多或少地存在一些缺陷，但由于其强大的穿甲能力，在很长的时间内几乎所向披靡，没有哪一种单兵武器能达到与其相同的效果。可以说，"巴祖卡"和"超级巴祖卡"的出现，填补了人类武器史的空白，开创了一个独属于"火箭筒"的时代。

毋庸置疑，"巴祖卡"火箭筒作为单兵反坦克火箭筒的开创者，在单兵反坦克武器的发展历程中扮演了引领者的关键角色，对后续全球火箭筒技术演进产生了深远而重大的影响。自此，火箭筒作为一种新型武器系统正式登上现代战争的历史舞台，开创了独特的作战领域。世界各国在"巴祖卡"的技术基础上，不断融入创新理念和先进技术，使这一革命性武器系统得到持续发展和完善，最终成为现代反坦克武器体系中不可或缺的重要组成部分。

纳粹黑科技——德国"铁拳"火箭筒

"铁拳"反坦克榴弹发射器是第二次世界大战时期德国制造的一种廉价的火药推进无后坐力反坦克榴弹发射器,简称"铁拳"反坦克火箭筒,被誉为"第二次世界大战期间最成功的反坦克武器",也被称为"喷气式空心装药反坦克榴弹"。"铁拳"自1942年开始生产并一直持续到第二次世界大战结束,拥有多个型号,总产量超过600万具。

美国陆军"超级巴祖卡"作为后起之秀并未参加第二次世界大战,没有办法被第二次世界大战的战场所检验。在第二次世界大战的战场上,所有人都认为最优秀的反坦克火箭筒并不是美国"巴祖卡",而是

30式"铁拳"火箭筒

德国"铁拳",它被认为是当时"战场上性能最好的杀伤性武器"。

尽管美国陆军设计制造的"巴祖卡"火箭筒是第二次世界大战时期一款有效的反坦克武器,但是在很多情况下,也因为其对于装甲的穿透能力不足而受到士兵诟病。它在战场上的主要对手德国军队在"巴祖卡"早期的M1型火箭筒的基础上,研制出了两款更致命的同类型反坦克火箭筒,即"铁拳"和"坦克杀手"。甚至有很多人认为,美国军方正是在德国"铁拳"火箭筒的基础上才研发的"超级巴祖卡"。

德军的"铁拳"(上)和"坦克杀手"(下)

电影《狂怒》中手持『铁拳』的德国少年

美国人拍摄的讲述第二次世界大战的电影《狂怒》中有一个经典的镜头，一队美国坦克正在行进，突然树丛中穿出一个拿着"铁拳"火箭筒的少年，对着行进中的坦克直接开火，被击中的坦克瞬间爆炸起火，整个车组人员均被活活烧死。这个镜头的视觉冲击力极强，足以证明这个少年手中的武器是非常恐怖的。

"铁拳"火箭筒的造型极其简单，猛地一看就是一根可以拿在手中的钢管子，管子的顶部插着一个椭圆形弹药，但就是这个看起来比较简陋的新武器，在此后的战斗中对苏军大量的装甲目标构成了巨大威胁。由于苏德战场的交战双方大量使用坦克集群作战，新武器"铁拳"的装备无疑使德军士兵在作战时更加具有反装甲的优势。

◀ "铁拳"的弹头

武器界有一个有趣的说法：名字可以取错，外号却是不会错的。"铁拳"火箭筒之所以会被人们称为"喷气式空心装药反坦克榴弹"，正是由于"铁拳"反坦克火箭筒发射的弹丸是空心装药的火箭弹，此款火箭弹威力巨大，甚至能够击穿178～203毫米厚的装甲钢板。

被"铁拳"火箭筒击中的大多数坦克，外形几乎完好，甚至连发动机都还在嗡嗡作响，这是因为"铁拳"发射的弹药只会在坦克的装甲上打出一个小洞，然后在坦克内部产生强大的金属射流，虽然被击中的坦克看似外形完好，但是内部的坦克兵们早已被"铁拳"所带来的"烈火"烧杀，彻底丧失战斗力。

作为抛射式武器的开山之作，"铁拳"火箭筒造价低廉、操作简便，能短时间大量生产并装备部队，甚至没有经历过战争的普通人都能在简单练习后使用它。加之其威力相当强大，第二次世界大战时期盟军始终没有找到应对"铁拳"攻击的完美应对方法。在

肩扛"铁拳"的德军士兵

当时来说,"铁拳"火箭筒无疑是名副其实的坦克杀手。也正是因为如此,它才被人们称为第二次世界大战期间"最优秀的"反坦克武器。

"铁拳"火箭筒的第一次亮相是在1942年的苏德战场前线,而其真正的源头要追溯到美国制造的火箭筒鼻祖"巴祖卡"身上。正是因为美国研制的"巴祖卡"火箭筒的横空出世,带给世界一抹惊艳的同时,也让正在欧洲战场交战的世界各国看到了未来反坦克武器的发展趋势。为此,德国军方对研发新型反坦克武器提出了新的要求:①能够采用破甲弹原理,使得步兵能够在一定距离上发射破甲弹,在保证自身安全的同时能够击毁敌方坦克；②为了满足快速批量生产的需要，其制造成本不能太高，制造工艺也不能太复杂。

根据德国军方提出的这些技战术要求，成功入选"决赛圈"的只有德国施耐德公司的设计方案。施耐德公司是一家专门研制破甲弹的公司，他们所提出的方案最终得以通过并定型生产，这就是"铁拳"反坦克火箭筒。

施耐德公司的初始研究成果是1942年完成的42式"铁拳"反坦克火箭筒，这是最初的试验版本。由于其破甲弹弹头缺少折叠尾翼，导致实际射击时精度不足，同时破甲弹也缺少必要的整流罩等部件，穿深仅有30毫米。

经过改进后定型的第一种量产型火箭筒，就是1942年年底完成开发、1943年初期投入量产的"小铁拳"（也称"舒伯特"，在德语中是"小伙子"的意思）。在"小铁拳"的基础上，德军又开发了第二次世界大战中最常使用的30式"铁拳"。

"小铁拳"全重3.2千克，较测试版本42式"铁拳"性能更好且威力更大，其战斗部直径10厘米，加上身管的长度达到36厘米，发射药增加到56克，而在战斗部重量增加的同时，火箭弹安装了4片金属折叠尾翼，从而使推进飞行过程更加稳定，飞行速度也更加快速。经过测试，"小铁拳"可以穿透30°倾斜的140毫米钢板（"巴祖卡"M1穿深的2倍）。正是因为如此，其穿深性能远远超乎人们的意料。

一直有人认为"铁拳"并非一款火箭筒，而是一款反坦克榴弹，其主要的依据就是其全部的发射药都装在发射筒里——这是"铁拳"和其他火箭筒的根本区别。发射药虽然只有 54 克重，也已经足够将战斗部以 28 米/秒的速度发射出 30 米远的距离。由于发射药量小，发射时的火药燃气也少，因此"铁拳"系列均可以在相对狭窄的空间内使用。

虽然"小铁拳"最大射程没有达到军方要求的 40 米，只是相对于 140 毫米的破甲深度，30 米射程在军方眼里还是可以接受的，因为这个破甲深度意味着德国步兵可以在 30 米内歼灭当时地球上所有的装甲目标。

1943 年 8 月，改进型的 30 式"铁拳"正式投产，并一直持续到 1945 年早期。30 式"铁拳"主要增加了战斗部的体积和装药量，战斗部直径增大至 15 厘米，穿深增加到了惊人的 200 毫米。

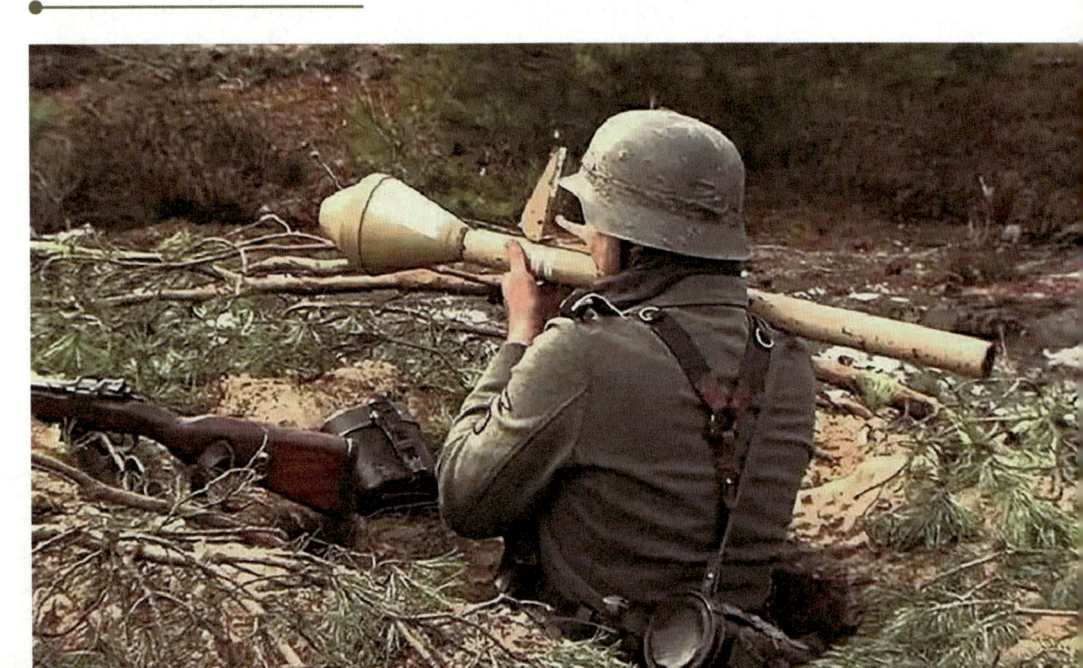

手持 30 式"铁拳"的德国士兵

在30式"铁拳"正式投产的同时,"小铁拳"也一直没有停产,而是继续保持着批量生产直到战争结束。主要原因是"小铁拳"重量比较轻,适合空降兵等单位使用,材料要求比较低。根据比较全面的统计,"小铁拳"的总产量是155万具。

30式"铁拳"的射程和"小铁拳"一样只有30米。虽然30式"铁拳"的穿甲性能要比"小铁拳"更好,重量相对更大,而"小铁拳"较轻的重量则更适合空降兵以及由平民和儿童组成的人民冲锋队使用。

30式"铁拳"和"小铁拳"是1944年中期德军批量使用的两型"铁拳"系列火箭筒。自1943年8月30式"铁拳"量产以来,由于制造工艺简单、成本低廉的特点,月产量达到10万枚,最高的月生产记录达到了20万枚。

无论是"小铁拳"还是30式"铁拳",其最大的短板还是射程较近,虽然它们都可以在30米的距离内击毁当时几乎所有的敌军坦克,但是正式作战中,坦克周围一般都会伴随大量的步兵保护,携带"铁拳"的反坦克步兵很难接近其身。因此,1944年德国又开发了一款新的"铁拳",即60式"铁拳"。

60式"铁拳"和30式"铁拳"的区别并不大,它的绝大部分技术数据和30式都是一样的,唯一的不同就是射程由30米增加到60米,这也是它被称为60式的主要原因。为了达到这样的效果,60式"铁拳"不仅增加了发射药量,也增加了身管的长度(增加了5厘米),这样的设计大幅提高了其破甲弹弹头的初速度。由于射程的翻倍增加，60式"铁拳"的实际战斗效能得到了极大的飞跃（这就是人们常说的一寸长、一寸强），因此60式"铁拳"被很多人认为是"铁拳"家族中最成功的型号。

相比之下，30式"铁拳"和"小铁拳"的弹头初速都是30米/秒，而60式"铁拳"的弹头初速度提高到45米/秒。60式"铁拳"的全重提高到6.1千克，瞄准标尺外形也有所修改，在发射装置上专门增加了一个保险推杆，避免在运输或者士兵携带过程中发生走火事故。第二次世界大战期间，60式"铁拳"和30式"铁拳"是德国军队最常使用的"铁拳"系列反坦克火箭筒，其次才是"小铁拳"和战争后期才出现的100式"铁拳"。

60式"铁拳"

随着战争的延续，针对"铁拳"火箭筒的改进不断展开，1945年初最新改进型100式"铁拳"已经处于量产的状态。它在结构上和30式与60式完全一致，威力也一样（3款"铁拳"采用相同的战斗部）。唯一的改进在于发射药量增加到190克，将战斗部发射初速提高到60米/秒，有效射程提高到惊人的100米。

这样的设计方案令100式"铁拳"的总重量提升到6.8千克，虽然比它的前辈们稍重一些，单兵携带一枚100式"铁拳"进行持续作战或者行军还是毫无问题的。

根据战后的数据统计，"铁拳"系列火箭筒的各类型号中，30/60/100式"铁拳"的总产量高达670万具，是"铁拳"家族中绝对的主力型号。很多文献提到的"铁拳"，一般是指30/60/100式。

虽然德国"铁拳"火箭筒貌不惊人、小巧简单，但在当时却是响当当的"黑科技武器"，发射的火箭弹威力巨大。据称，"铁拳"发射弹药造成的金属射流长达1.83米，这种射流哪怕是攻击美军主力坦克"谢尔曼"的炮塔部分，毁伤效果依然可观。"铁拳"火箭筒的实战能力以及那么多响当当的"名号"可不是吹牛吹出来的，而是在实战中得到了交战双方的深刻认可。

根据英国军队的战报显示，1945年3月，英军一个坦克连在挺进途中遭遇装备了"铁拳"的德军小分队，硬生生与其纠缠了4个小时未能前进一步，足以见得"铁拳"火箭筒对英国装甲车辆的毁伤有多么强大。

搭载「铁拳」的自行车

英国陆军坦克指挥官斯图尔特·希尔斯在"市场花园行动"之前，在比利时北部的最初几场战役中体验到了"铁拳"的威力。在他2002年所著的回忆录《坦克进入诺曼底》中，专门有对"铁拳"的描写："在发射'铁拳'的前一秒钟看到了一个德国步兵，

并感觉到了他腿上的冲击波。当时我没有机会去看损坏的地方，但后来我发现右侧有半块履带板被击中了，整个链轮总成都被打出了一个洞。如果那天我们有一个副驾驶，他肯定会丧命，或者至少失去双腿。"希尔斯在回忆录中专门提到，德国的"铁拳"火箭筒令他感到"绝望和恐惧"。不管怎样，这种武器是德国军队在近距离对抗坦克时最有效的武器，在近距离歼灭了大约一半的盟军坦克。这是一个无可辩驳的事实。

德国本土生产的大部分量产型"铁拳"都在第一时间被运往欧洲战场东线，用来对抗苏军的"装甲洪流"，以至于有相当数量的苏军坦克被一枚枚小小的"铁拳"所击毁。苏军不得不采取措施来防御此类武器，其中最简单且有效的"小妙招"就是在坦克的装甲外围间隔一定距离就焊上一层装甲板或铁丝网，这层装甲板或铁丝网不需要太厚，只要能够提前引爆"铁拳"火箭筒的破甲弹弹头就行。这个行之有效的方法一直到现在依旧有实际的应用，也算是一个划时代的创举。

苏军在向德国进

苏军士兵使用缴获的"铁拳"

攻的途中缴获了大量"铁拳"，并应用到了对德军的反攻攻势中。一部分苏军喜欢携带"铁拳"用于攻坚战，"铁拳"火箭筒可以有效摧毁德军的碉堡、驻守的建筑物等硬目标。这样的情形引起西线战场盟军的高度重视，一部分美军军官甚至写信给高层，建议大量仿制"铁拳"供前线官兵使用，甚至承认美军自己的单兵反坦克武器"巴祖卡"不如"铁拳"优秀。

来自对手的肯定才是真正的优秀，"铁拳"做到了这一点。但是它并没有止步于此，而是继续前行。但是，"铁拳"火箭筒这样如此优秀且一直在改进的反坦克利器，也随着战争的走势而不可避免地走向了落幕的时刻。德军在第二次世界大战最后阶段还研发出了150式和250式两个改进版本，甚至有人评价说150式是所有"铁拳"型号中最优秀的一款。

1945年1月，进行了重大改进后的150式"铁拳"问世了。150式在发射原理上还是采用30式的设计，在战斗部上则采用了全新的结构：一个尖锥形的风帽+圆柱形的弹体。这种战斗部的设计方式是将风帽和弹体分开生产再组合到一起，不仅提高了生产效率，简化了生产流程，还优化了气动外形，从而增加了射程。

150式"铁拳"的射程最远可以达到150米，同时弹丸的初速增加到85米/秒。难得的是，150式"铁拳"是一款可以重复使用的火箭筒，可以再装填10发火箭弹，不必像以往的一次性"铁拳"用完即弃。

150式的战斗部直径只有105毫米，远远小于其

MELEE WEAPON ★ 近战利器　利刃在手寒芒现

肩扛"铁拳"前行的德军士兵

他主要型号的 150 毫米。这样不但减轻了重量，还让弹丸的风阻更小，有助于提高射程。通过更科学的药罩形状和起爆距离，虽然 150 式的炸药装药和破甲药罩直径都比 30 式 /60 式 /100 式小，但是破甲威力却和它们保持了相同水平。

为了弥补战斗部重量减轻对杀伤力方面的影响，150式还专门为战斗部设计了预制破片套，套上后可以大幅增加对软目标的破坏效果。可以说，150式是"铁拳"家族发展中的一次突破，初步确定了"铁拳"这种武器对战后单兵反坦克武器设计的指导性地位。

在第二次世界大战中德国共生产了超过800万具各种型号的"铁拳"。在战争结束前，150式"铁拳"总共生产了10万具，但大部分都在工厂没有下发到部队，这部分"铁拳"全部被盟军收缴并最终销毁，一代传奇，包括仅仅停留在图纸上的250式"铁拳"火箭筒，就此彻底谢幕。

虽然"铁拳"被誉为"最优秀"的反坦克武器，但是缺点也是十分明显的：这种德国的"奇迹武器"虽然结构简单、造价便宜，但其发射时从发射管后部喷出的火药燃气，可以在2～3米范围内造成致命伤害，在10米内也会有危险。正因为这样，射击手在发射"铁拳"之前需要对位置进行特别选择，如躲开战壕或墙壁，防止反射的尾焰伤害到射手。"铁拳"战斗部内装载着安全性较差的黑索金炸药，经常发生炮口爆炸的意外，令德军士兵大吃苦头。

无论如何，"铁拳"都是一款优秀的反坦克利器，哪怕再厉害的武器也只是一个冷冰冰的武器而已，真正决定胜负的永远都是操控武器的人。虽然在局部战场上有很多盟军坦克被"铁拳"击毁，但对于整个战争的走向来说，这些"战果"只是杯水车薪、无济于事。第三帝国的"铁拳"随着帝国的覆灭也宣告彻底落幕。

"铁拳"谢幕

在第二次世界大战末期，德国军队失去了制空权（尤其是在西线）。为了对付盟军的轰炸机，德国军方专门研制了一款单兵使用的"防空铁拳"（Fliegerfaust，也有人将其翻译为"刺拳"或"飞拳"）手提防空火箭筒。当时，德国军方订购了1万具"防空铁拳"及400万发火箭弹，但还未配发给一线士兵，战争就结束了。这一款武器也就彻底消失在了历史的尘埃中。

"铁拳"系列反坦克武器对战后单兵反坦克武器的发展产生了深远影响。各国军事研发机构在借鉴"铁拳"系列破甲弹技术原理的基础上，结合本国军事需求和技术特点，相继研制出各具特色的单兵反坦克火箭筒。在这一技术演进过程中，不同国家融入了独特的设计理念和创新元素，从而催生了一系列具有里程碑意义的经典火箭筒。

不易驯服的骡子——
英国 PIAT 反坦克发射器

由英国帝国化学工业公司制造的 PIAT（步兵反坦克发射器）是一种基于超口径迫击炮原理的反坦克武器。英国人发明的 PIAT 是有史以来最饱受争议的武器之一。直到今天，还有很多人认为这个"东西"压根就不应该被称为"火箭筒"，但是究竟该如何归类却也很难说得清楚。PIAT 的"外号"多种多样，除了叫得最多的"大号弹弓"，它还有"骡子""苏格兰弓弩""平射迫击炮"等响亮名号，甚至还有人认为 PIAT 是一款"榴弹发射器"。

PIAT 步兵反坦克发射器

历史似乎总是喜欢用现实给人们开几个不大不小的玩笑。在武器发展史上，第一次发明了"坦克"并将其应用到战场上的是英国军队，而人类真正将坦克大规模应用于战场之上的却是德国军队。第二次世界大战时期，坦克这种钢铁巨兽在人类历史上被大批量投入战场，成为真正意义上的陆战之王。

有新的武器诞生，必然也会诞生反制的武器。在第二次世界大战的初期，被逼到墙角的英国军队迫切需要一种新型的反坦克武器。虽然当时的英国人对反坦克火箭弹这种"新鲜玩意儿"还一无所知，但英国设计师们没有放弃努力，他们依靠自身的技术设计出一种类似于迫击炮的弹射性"秘密武器"——步兵反坦克发射器（简称PIAT）。

PIAT 反坦克发射器

第二次世界大战初期，英军装备步兵的反坦克武器主要是"波伊斯"反坦克枪和68号反坦克枪榴弹。这两种武器各有不足，"波伊斯"反坦克枪的穿甲能力有限，而68号反坦克枪榴弹的射击距离太近，会给使用者带来很大的危险。同时，这两种反坦克武器的威力都很难有效打击敌人的装甲目标。

为了尽快摆脱被动局面，英国国防部开始着手研制一种便携式超口径发射器，并将其取名为"婴儿"。由于英国人对火箭弹方面的研究属于"两眼一抹黑"的情况，设计师们决定另辟蹊径，采用"压缩弹簧+火药燃气"的方式，如同弓弩发射箭矢一样将破甲弹用力地"推"出去。

1941年6月，"婴儿"开始接受英国皇家兵器部的测试，几经改进之后终于被军方接受，并在1942年8月31日正式定型生产，同时被命名为"步兵反坦克发射器"，简称PIAT。PIAT自此成为第二次世界大战中英军步兵最主要的反坦克武器，到1945年停产时PIAT生产数量超过了11.5万具（相对于"铁拳"数百万的产量来说，这个数量确实是不太多）。

PIAT和美国的"巴祖卡"火箭筒属于同时期的反坦克武器，它最响亮的名号却是"苏格兰弓弩"，主要还是因为PIAT的结构比火箭筒和迫击炮等武器装备都要更加复杂。

PIAT的主要结构分为前筒和后筒两个部分。前筒由钢板弯曲成型，上半部分完全敞开，后下方设有一个泄气孔，弹丸发射时就直接放在前筒里（直接暴露在外面）。后筒是一整根的无缝钢管，下方装有握

PIAT 到底是不是一款火箭筒，直到现在还有人在争论

把和机匣，扳机紧贴在机匣左侧，筒身焊接有由准星座和标尺座组成的瞄准系统。后筒与前筒相接处有个环形槽，射击支架用一个大号蝶形螺帽固定在槽中。早期型的支架由两根细钢管构成，底部是一块弯成一定形状的钢板，后期型的支架简化成一根粗钢管，底部焊接有方形底座。

PIAT 不仅外观类似大号的弓弩，就连发射模式也和弓弩有着相似之处，其后筒内装有一个重量很大的主栓体，栓体是中空的，内部有装填杆、击针杆、前栓体等零部件，其后有一根粗壮的主弹簧。发射时，PIAT 首先将火箭筒立置或平放，然后用脚踩（蹬）住 T 形肩托，同时双手握住握把用力向上提（拉）施加反向力，直到听到"咔嚓"一声进入发射状态，才能装填火箭弹。从这些细节可以看出，

PIAT 工作原理和弓弩有相似之处，就像是把火箭弹装进了一个大号的弓弩中，也正因此被称为"苏格兰弓弩"。

对比同时期的反坦克武器，PIAT 的发射流程也明显不同，非常容易被人误解。除了在装填火箭弹时需要同时双手握住握把用力向上提拉，射手在射击时，扣动扳机后释放阻铁，主栓体在弹簧作用下向前复进，并推动击针杆和前栓体前进，一直伸入弹丸的尾管内方才停止。击针杆因惯性击发底火，进而点燃发射药，产生高压燃气作用在前栓体并传递主栓体上。此时，主栓体具有向前的惯性动能，方向与燃气向后的作用力方向正好相反。在主栓体停止并改为向后运动的过程中，一部分后坐力被抵消，这个动作和枪支射击的动作有相似之处。

到了这个时候，火药气体对弹丸做功结束，使得弹丸获得初速向前飞出，而前栓体则继续依靠惯性后退，在退到弹尾管尾翼上方的 4 个均匀分布的泄气孔时，火药气体冲破密封带，并从泄气孔中排出，以减少对弹丸的扰动。主栓体向后运动到位后，被阻铁挂住，重新进入待发状态，只要装入新弹即可继续射击。

这一整套的射击流程听起来有点复杂，实际上就是用主栓体往复运动击发底火，并采取一系列的抵消后坐力设计使得其后坐力达到一个稳定的水平，使弹丸可以被稳定射出。不得不说，这个发射流程和弓弩确实十分相似，和现代的枪械也基本相似。

从威力上看，PIAT 发射的是一种 90 毫米空心装

造型独特的"苏格兰弓弩"

药破甲弹,垂直破甲威力为75毫米,对当时的坦克来说颇具威胁,其发射弹丸的最大初速为135米/秒。在打击坦克等单个目标时,PIAT有效射程为100米;在对付固定大型目标时,PIAT有效射程可达300米。

弹丸的外形类似于迫击炮弹,前面是薄金属板冲压成的弹体,炸药前有一个钢制的药形罩。为了保证基本的炸高,弹丸带有一个细长的弹尖,装有碰炸引信。后面是带有4片尾翼的尾管组件,外有一圈尾环,用以保持弹体飞行时的稳定,尾部内部装有发射药管,作为发射时的动力来源。

整个PIAT重达15千克,理论上可以单人使用,但英国军队通常会组建二人反坦克小组,一人充当主射手,另一人则是装弹手兼观察手。

PIAT 是一款极具争议的武器装备。根据其发射的原理，有人将它视为一种"可以平射的迫击炮"，但是这种观点并不准确。如同有人将榴弹发射器比作拓展的掷弹筒一般，PIAT 和迫击炮的工作原理根本就是不同的。

PIAT 采取空心装药的弹药，其外形确实与迫击炮弹有些类似，由内部安装有弹簧的管状发射器发射，英国官方理论射程 660 米，实际有效射程 110 米，可以击穿 100 毫米的装甲。PIAT 使用的弹药与迫击炮的弹丸相似，同时就外形和发射过程来说，二者虽然有相似之处，但也有很大的不同。相似之处在于二者均由前方装入弹药，弹体都靠尾翼稳定，发射药都装在弹体尾管内，甚至连 PIAT 发射的弹药也被认为是由迫击炮弹改装而成的。不同之处是迫击炮弹击发以后发射药燃烧产生的气体进入炮膛，全部用来推动

PIAT 及其 90 毫米空心装药破甲弹

弹丸运动，而 PIAT 在发射阶段火药燃气是全部封闭在弹体尾管内的，真正做功的长度也只有从尾管顶部到泄气孔处那么一小段。实际上，PIAT 的半自动运作过程更接近于采用自由枪机原理、前冲式击发的枪械，只是这种枪械特别大且没有枪管而已。

尽管 PIAT 被设计用于反坦克作战，除了可以发射穿甲弹外，它还可以发射当时其他火箭筒尚未配套的高爆榴弹和烟雾弹，这就是 PIAT 比其他"同类"更高明的地方。高爆榴弹可用于对付步兵、汽车等软目标，烟雾弹则可以提供有效的烟雾用来掩护友军的

正在操作 PIAT 的英军士兵

行动或遮蔽敌人的视线，这种战术价值是当时任何反坦克武器都不具备的。在这个细分领域，PIAT 填补了一项空白。

PIAT 最大的优点就是造价低廉且在使用时没有枪口烟雾，直射反坦克的作用距离可达 105 米，而曲射作爆破用的作用距离则可达 320 米，整体性能足以满足当时士兵的需要。

PIAT 的最早亮相是在西西里战役中，但实战的效果并不理想。一方面 PIAT 本身的穿甲威力不足，另一方面引信存在严重安全问题，除非引信和弹丸一直向上存放，在其他状态下任何轻微的碰撞都有可能使弹药爆炸。

在前往意大利本土作战前，英国人对此有针对性地进行了改进，使得 PIAT 的穿甲威力有所增强，但引信的安全性问题一直没有彻底解决，这也导致了英军在战后立即禁止了 PIAT 的实弹射击训练。

虽然 PIAT 有很多的不足，但是对于敌人的装甲目标还是非常有威胁的。1944 年 10 月 21 日，列兵史密斯在意大利北部萨维奥河的战斗中，使用 PIAT 先后摧毁德军坦克、自行火炮各 2 辆，并因此成为第一位获得英国军队颁发的维多利亚十字勋章的加拿大士兵。

PIAT 在 1944 年盟军发起的"市场花园"行动中也有出色表现，在守卫斯塔福德斯大桥的战斗中，没有重武器支援的英国第一空降师完全是依靠 PIAT 才勉强抵挡住德军装甲部队的进攻，避免了全军覆灭的结局。

在诺曼底战役期间，英军参谋部的一份报告显示，在被英国击毁的所有德军坦克中，PIAT击毁的德军坦克数量占据7%，位居英国军队所有反坦克武器的首位。

若以现在眼光来看，PIAT可谓满身缺点，如威力和初速低、安全性差、笨重且操作不便等。但在当时的技术条件下，PIAT算得上是一种有效的步兵反坦克武器，在某种程度上甚至胜出"巴祖卡"火箭筒一筹。例如：射击时几乎没有火光和烟雾；可以在狭窄空间内发射；不会因产生烟雾而暴露射手位置；弹筒对材料的要求极低，适合批量投产。最关键的是有了PIAT以后，需要士兵们豁出生命向德军坦克投掷反坦克手榴弹或炸药包的情况大为减少。因此，PIAT成为第二次世界大战中英军主要步兵反坦克武器之一。

因为PIAT本身15千克的整体重量远高于同时期的美德同类型产品，若是同"铁拳"这样的一次性火箭弹相比，差距就更加明显，许多英军部队因此叫苦不迭。加之PIAT的主弹簧非常粗大，要完成待击动作不是一件易事，扳动那个大号扳机所需的力量也不是一般人所能想象的，即使用两个手指仍然难以轻松实现。

对于刚刚接触PIAT的新手来说，最难掌握的还是射击精度，因为扣动扳机后弹丸会有迟滞才能发射出去，如果不能很好控制住抛射器，那么即使在发射的最后一刻也会使弹丸明显偏离目标。正因如此，如此笨重又不易操控，还不好控制精度的武器，被很多

PIAT 及其破甲弹和方便携行的三联装包装

人称为"不易被驯服的骡子"。

时势造英雄。正是因为 PIAT 顺应了当时对于反坦克武器的客观需要,它虽然是战时环境下的临时产物,但这款武器却神奇地通过了英国陆军当局各种严峻的测试,并最终成为一代英杰。

更为重要的是,PIAT 是一种低成本武器,可以在英国最困难的时刻快速生产并投入战斗,这对当时仍深受德国"狼群战术"之苦、物资极度匮乏的英国而言无疑是非常重要的硬指标。

第二次世界大战结束后,各种结构更简单、威力更大的反坦克武器不断涌现,PIAT 很快就显得过时了。1950 年朝鲜战争期间,英军开始使用美制"超级巴祖卡"火箭筒进行作战。1951 年,英国陆军正式装备了瑞典"古斯塔夫"无后坐力炮，PIAT正式退出英军现役装备序列。

虽然PIAT火箭筒的服役生涯毁誉参半，然而在第二次世界大战这个考场上，PIAT显然为盟军交了一份满意的答卷。作为当时盟军少数几款可以击毁德军中重型坦克的武器装备，PIAT毫无疑问是成功的，即使是对于后世的反坦克武器而言，其空心装药技术和弹簧抛射再点火理念的开创性意义也不言而喻。

正是基于上述特性，尽管PIAT存在体积笨重、操作复杂等缺陷，并在第二次世界大战结束后迅速退出现役，但这并未影响其在步兵反坦克作战史上占据独特而重要的地位。

老树开新花——苏联 RPG-7 火箭筒

RPG-7 火箭筒，是苏联于 1960 年开始研制、1961 年定型批量生产并装备苏军的 40 毫米肩射式、前装填单兵反坦克武器，因其轻便、造价低廉、操作简单且火力强大，被称为"步兵大炮"或"迷你大炮"。

无论是作为火箭筒鼻祖的美国的"巴祖卡"，还是第二次世界大战中"最成功"的德国"铁拳"系列，哪怕是"最不像火箭筒"的 PIAT，都足以令人觉得足够的优秀。但是若有人问当今世界最令人记忆深刻的火箭筒是哪一个，恐怕很多人的答案都会指向一个目标——苏联设计制造的 RPG-7 火箭筒。

之所以说 RPG-7 火箭筒是最令人"记忆深刻"

RPG-7 火箭筒

的，是因为无论在现实中，还是在网络游戏或影视作品中，很多武装人员的标准配置往往都有一杆RPG-7火箭筒，毫不客气地说，只要有人的地方就有RPG-7。也许有人要问：在全球众多型号的单兵火箭筒中，为何唯独RPG-7最为流行，甚至达到了深入人心的程度？这一现象的背后原因较为复杂，下面介绍这款武器的独特之处。

RPG-7火箭筒是苏联研制的无导向肩扛式反坦克火箭推进榴弹，说来也是一种"缘分"，RPG系列火箭筒的起源居然是德国设计制造的"铁拳"，它还有一个特别有趣的绰号"铁拳3"。德国"铁拳"火箭筒是一种发射超口径破甲弹的一次性武器（100式不是一次性武器），由于结构简单、制造成本低、操作方便，被大规模装备德军并投放于第二次世界大战欧洲战场东线，主要用于同苏军对抗。

有句话是这样说的，最了解你的人不是你自己，往往是你的敌人。如同坦克一般，毋庸置疑是英国人发明的，偏偏却是英国的老对手德国军队将坦克大规模地运用在战场上。如同"铁拳"火箭筒是德国人发明的，苏联人对其性能的理解却更加透彻，毕竟血的教训最令人记忆深刻。

1944年，苏联开始在缴获的德国"铁拳"基础上，研制自己的新型单兵反坦克武器。当时的苏联陆军轻武器和迫击炮研究基地承担了这项研制工作，并将这项研究的成果称为"轻型步兵榴弹发射器"，发射PG-70超口径破甲弹。此款"榴弹发射器"在1944年底至1945年初进行了实弹测试后，更名为

RPG-1，榴弹更名为 PG-1。

PG-1 榴弹使用黑火药作为发射药，大量火药燃气通过喷管向后发射，导致能量利用率相当低，这也令榴弹本身的初速度很低，有效射程相当有限。RPG-1 的发射器表面有用于隔热的木制套筒，瞄准装置只有一个立框式照门，且通过 PG-1 榴弹表面的凸起进行瞄准，造成瞄准精度很不理想。考虑到 RPG-1 性能无法满足未来战争的需要，苏联军方于 1948 年终止了 RPG-1 的研制工作。

此刻，RPG-1 在苏联官方定义中属于"榴弹发射器"的范畴。直到苏联武器设计师吸收了美国"巴祖卡"反坦克火箭筒的优点之后，对 RPG-1 进行改进，推出了 RPG-2。与 RPG-1 相比，RPG-2 的发射管口径扩大到 40 毫米，发射的弹药采用弹簧钢板卷制的折叠尾翼，提高了弹药的工艺性和稳定性。

RPG-2 的主用弹药是口径 82 毫米的 PG-2 反坦克榴弹，造型和"铁拳"系列火箭筒的 100 式极为相似，都是圆锥体的弹头，采用空心装药破甲战斗部。发射前，射手需要将 PG-2 榴弹从发射管前部装入，然后压倒外露击锤，通过立框式照门进行瞄准，扣动扳机即可发射。改进后的 RPG-2 有效射程 150 米，可以击穿 200 毫米厚的均质装甲。虽然 RPG-2 可以单兵操作，但标准配备为 1 名射手（携带 1 部发射器和 3 枚弹药）和 1 名副射手（携带 2 枚弹药和 1 支步枪）。

第二次世界大战以后，各国主战坦克的发展速度相当之快，尤其是它们的装甲越来越厚，RPG-2 已

MELEE WEAPON ★ 近战利器　利刃在手寒芒现

RPG-2 火箭筒

经无法对新型坦克构成威胁，很快便失去了反坦克武器的作用。它仍然可以有效打击轻型装甲车辆和建筑物，由于性能可靠、结构简单、重量轻、造价低等优点，很快成为当时的主要步兵武器之一。

有趣的是，RPG-1和RPG-2及其后来的改进型号，从名称上来讲，根本就不是严格意义上的"火箭筒"，因为它们都是依靠弹底的抛射药将弹头射出去的。而传统意义上的火箭筒则是利用弹药自身的火箭发动机将弹丸战斗部推向目标。从这个角度看，RPG-1和RPG-2就是"手持反坦克榴弹发射器"或者"火箭推进榴弹"，但因为它们作为"火箭筒"的名头实在太过于响亮，以至于它们的真名反而并不为大多数人所知。

RPG-2的缺点仍然很明显，榴弹初速过低导致其风偏较大，严重影响射击精度，几乎无法命中100米以外的移动目标。为了改善榴弹飞行速度慢的缺陷，苏联武器设计师给榴弹安装了火箭发动机，并配备了新型折叠尾翼，最终研制成功RPG-7反坦克火箭筒。

1961年，RPG-7开始装备苏军。准确地说，一直到此时，RPG-7采用的绝大多数弹药均安装了火箭发动机，RPG系列才算是真正意义上的"火箭筒"。因为RPG-7战斗部的抛射药只负责把弹丸推出炮膛，而弹药飞行中的一切动力都来自其弹体中部的火箭推进器。因此RPG-7称为火箭筒，显然比RPG-1、RPG-2要更加合理。

RPG-7 反坦克火箭筒

　　至此，一款享誉全球的反坦克火箭筒终于问世，那么它的性能究竟如何？有一句话是这样说的：要看质量怎么样，可以看看销量怎么样。RPG-7 的销量表现极为出色，稳居全球首位。

　　据统计，自 RPG 火箭筒最为经典的型号 RPG-7 诞生以来，有超过 104 个国家的军队正式列装过，还有 10 多个世界闻名的武装组织配备或正在使用这款武器，至于那些散兵游勇们使用的数量更是不计其数。可以说，只要在世界上有冲突的地方，几乎都可以看见 RPG-7 的身影。

　　更为神奇的是，RPG-7 火箭筒尽管在如今装甲厚重的坦克和装甲车辆面前几乎毫无作为，可是它的生产线却从未被关闭过。俄罗斯的杰格佳耶夫和巴扎尔特枪械制造厂直到现在仍在不停地制造它，据不完全统计，RPG-7 火箭筒的总生产数量已经超过 1000 万具，生产历史更是长达 60 多年。

这样的"销售"数据，可见它有多么受欢迎。这自然引发了一个疑问：既然这款反坦克火箭筒已难以击穿当今世界上大多数坦克和装甲车辆的装甲，为何销量依然可观？这一问题的答案恰恰隐藏在 RPG-7 自身的特点之中。

RPG-7 从诞生之日起，虽然一直在进行改进和调整，但外形和主要的部件几乎没有改变，技术进步对它的影响很小。主要原因是 RPG-7 火箭筒设计非常简约，主体只包括手枪式握把、扳机和瞄准器。

现代战场上的 RPG-7

MELEE WEAPON ★ 近战利器　利刃在手寒芒现

RPG-7 的整体结构并不复杂，甚至有点简单

　　RPG-7 反坦克火箭筒的主要特点是使用超口径弹药，这种弹药从一开始确实也可以说是大号的榴弹，并且有着诸多的类型，使其能够以更换弹药的方式适应不同的战场需求。

　　因为技术的进步，RPG-7 采用的弹药经历了显著变化，与最初的聚能榴弹已经大相径庭。随着装甲技术的进步，弹药的穿透能力不断增强，自从坦克的双层装甲出现后，随即出现了复合弹药。

　　除了弹药的质量和威力不断地改进，RPG-7 的其他改动几乎可以是忽略不计的。一款在 1962 年大批量列装的火箭筒，历经几十年的风风雨雨，几乎没有大的改动，但是还能被人沿用至今且还津津乐道，并愿意继续使用，这就是 RPG-7 的特色。

RPG 的一大特色是便宜。RPG-7 火箭筒在全世界范围内大面积传播的最大原因，就是成本低，甚至低得有些过分。美国的 MK153 火箭筒单支采购价格高达 1.3 万美元，德国的"铁拳"单支采购价格约 1 万美元，即使是威力远不如 RPG-7、只能一次性使用的 M72 火箭筒单支采购价格也有 750 美元。相比之下，RPG-7 火箭筒本体价格却可以低到 500 美元，一枚火箭弹的报价最低只需要 100 美元，也就是说，只需要花费 600 美元，就能拥有一支威力远超 M72 的火箭筒。对于如此高的性价比，没有人能顶得住这样的诱惑。

只需要 600 美元，一支 RPG-7 就能带回家

便宜自然有便宜的道理。RPG-7 火箭筒本体主要是一根 40 毫米口径的滑膛钢管，在发射管中部包裹了木头来阻隔热量。廉价的木头手柄和冲压金属零部件大大降低了 RPG 的成本价。对于 RPG 来说，最昂贵的零部件就是"高配版"配置的 PGO-7V 光学瞄准具。在绝大多数情况下，自带的机械瞄准镜已经够用。RPG-7 采用的这些简单部件，不仅成本低，还不容易损坏，因此它不仅便宜而且耐用，可以适用于各种环境和地形。

RPG-7 的另一个特色就是好用。RPG-7 火箭筒具有强大的泛用性。相比之下，美国 MK153 火箭筒只能使用 4 种不同型号的火箭弹，其中一种火箭弹还是杀伤力很小的训练弹，而 RPG-7 火箭筒能使用至少 9 种不同型号的火箭弹。

若要杀伤轻装甲单元，则可以使用 93 毫米的 PG-7VL HEAT 弹头；若要杀伤装备了反应装甲的现代主战坦克，则可以使用穿深达到 750 毫米的 PG-7VR 串联装药穿甲弹头；若要杀伤敌方工事，则可以使用 TBG-7V 温压弹头把掩体里的敌人都送上天；若要杀伤人员，则可以使用威力有限的 OG-7V 高爆破片弹头。

不论遇到什么情况、需要杀伤什么目标，RPG-7 总能满足需求。也许它的性能并不是那么的完美，但在战争中，这种能够重复使用且泛用性很强的武器，往往比那些专业性很强的武器装备要更好用。

虽然 RPG-7 作为一款反坦克火箭筒，但是击落飞行器的记录也有不少。经过实战的检验，RPG-7 火箭筒对空中目标的有效性是毋庸置疑的，尤其对悬停的直升机造成的打击最为成功。虽然也有不少击落飞机和飞行中的直升机的案例，但都是在非常近的距离和较低的高度下完成的。这些特点在阿富汗战争中得到了充分的证明。

俄罗斯士兵为 RPG-7 装填火箭弹

记录显示，至少有 7 起事件是使用 RPG-7 的火力击落了美国的直升机，甚至包括"海豹突击队"和"第六小组"的精英部队。这些记录中最著名的事件有两个。一个事件是在 1993 年，美军在索马里执行军事行动时出现意外，两架"黑鹰"直升机被 RPG-7 火箭筒击落，这个事件还被拍成了电影《黑鹰坠落》。

电影《黑鹰坠落》中被RPG-7击落的"黑鹰"

另一个事件是2005年的"红翼行动",阿富汗塔利班武装人员利用RPG-7反坦克火箭击落了一架载有美军8名特种兵的MH-47直升机。

这些辉煌的战绩足以证明RPG-7的实力。总而言之,整个火箭筒界,有击落飞机记录的火箭筒寥寥无几,RPG-7就是其中最闪耀的那颗明珠,是一款当之无愧的"明星"火箭筒。

即便是这样一款"明星"武器,也并非完美无缺。RPG-7不仅存在缺陷,甚至在某些方面存在明显的短板。

（1）RPG-7只是一款火箭推进榴弹，作为一款直射武器，它对坦克、装甲车等目标的有效射程只有200米，最大射程也只有900米。

（2）RPG-7的火箭弹飞行速度较慢，每秒300米的飞行速度远远达不到"开火即摧毁"的效果，而这会让射手处于较大的危险之中。

（3）作为一款没有制导能力的反坦克火箭推进榴弹，RPG-7的精度不尽人意。根据美国陆军训练司令部发布的测试报告显示，RPG-7在攻击一辆300米外静止的M60主战坦克时，首发命中概率只有30%，第二发命中概率仅有50%。如果攻击一个缓慢移动的200米外的装甲目标，那么第一发命中概率还会降低到30%以下。

精度一直都是RPG-7的主要缺陷

由于 RPG-7 的弹头使用了 4 枚较大的稳定翼来保持飞行的稳定并推动弹体慢速旋转，但如果遭遇较强的侧风，很容易导致火箭乱飞——就连苏联人自己都承认，在 400 米的距离外的杀伤效果很差。

RPG-7 火箭筒全球泛滥，和它的"丰富履历"也有不小的关系。从 1967 年"六日战争"以及后来的越南战争中参加实战以来，RPG-7 几乎参加了所有的地区冲突，包括赎罪日战争、阿富汗战争、黎巴嫩战争、海湾战争等，尤其是在第四次中东战争中，以色列军队损失的近一千辆坦克，有接近四分之一都是被 RPG-7 火箭筒击毁的。

客观来说，RPG-7 火箭筒不是一款完美的武器，但它具有强大的泛用性、极为低廉的价格和超强的可靠性，最终成为一款享誉全球的"明星武器"，也是实至名归的。

RPG-7 火箭筒虽然简单、可靠、使用便捷、获取容易，可是在面对装甲厚重的现代坦克时，它的性能已经不足以撑起场面了，哪怕是改进后的弹药，能够达到大约 300 毫米的破甲深度，这对现代坦克来说只能算"挠痒痒"。若要用这款"神器"击毁一辆现代的主战坦克，除非攻击角度刁钻，否则很难达成预期的战斗效果。

RPG-7 有很多的"改进型"和"后继者"，从目前的效果来看，其中最为特殊的一款反坦克武器当属俄罗斯的 RPG-30 火箭筒。作为苏联 RPG-7 的继承者和开拓者，RPG-30 是一款专门为有效应对配备有主动防护系统/反应装甲坦克而开发的反坦克火箭筒。

MELEE WEAPON ★ 反装甲神器——火箭筒

227

俄罗斯士兵肩扛 RPG—30 火箭筒

一般来说，现代坦克配备的主动防御系统的防御时间间隔为 0.2～0.4 秒，在这段时间内主动防御系统会重新启动自身配置的"硬杀伤"装置来对抗来袭火箭弹。RPG-30 就是利用反应装甲的这个"漏洞"，它被专门设计成一款拥有"子母弹"的双筒反坦克火箭筒。简单来说，RPG-30 有主辅两个发射筒：主火箭筒口径为 105 毫米，可发射 PG-30 串联聚能弹药，在 200 米的距离内破甲深度为 600～750 毫米；辅火箭筒口径为 42 毫米，使用 IG-30 诱饵弹，其主要作用是吸引坦克配备的主动防护系统的"目光"，或者对反应装甲进行预打击。

简单来说，RPG-30 首先利用辅火箭筒"开道"，把主反应装甲给"清障"掉，然后主火箭筒的火箭弹长驱直入，撕毁对手的装甲，这就是 RPG-30 的打击原理。两枚火箭弹的最大间隔时间不会超过 0.2 秒，这样主动防护系统在它面前就无法发挥作用。这种对付反应装甲的行为，简直就像是在"钓鱼"，因此 RPG-30 又被西方国家形象地称为"钩子"。

老兵不死——美国 M72 火箭筒

M72 轻型火箭筒是由美国赫西东方公司研制的一款单兵便携式的一次性反装甲武器,一经装备部队就取代了 M31 枪榴弹和 M20A1 "超级巴祖卡"火箭筒,成为美国陆军及海军陆战队主要的单兵反坦克武器。

在火箭筒这个大家族里面,有很多另类型号和品类,而所有型号的火箭筒都是在追求将威力最大化的同时,尽可能降低自身重量,以提高使用者的攻击效率。通常情况下,威力和效率就像鱼与熊掌,很难兼得,但是有一款火箭筒却做到了鱼与熊掌"兼得",

M72 火箭筒

这就是被称为"世界最轻火箭筒"的美国 M72 式 66 毫米轻型火箭筒。

M72 轻型火箭筒最大的特点就是重量轻，除用于打击装甲目标外，也可用于对炮位、碉堡、建筑或轻型车辆等次要目标进行破坏。该火箭筒于 1958 年开始研制，旨在使用这种更有效、更便携的武器取代笨重的 M20A1 "超级巴祖卡"火箭筒作为美军制式单兵火箭筒，1962 年定型并投入生产，1964 年开始大量装备美军（生产商改为塔利防御系统公司），并在越南战场上首次参加实战。

鉴于早期型号的 M72 火箭筒已于 1971 年停产，在对瞄准系统和推进装置进行技术升级后，该型号已被改进型 M72A1 和 M72A2 所取代，也就是通常所说的 M72 轻型反坦克火箭筒。

M72 轻型反坦克火箭筒的全称为 M72 LAW(Light Anti-armor Weapon，意为轻型反装甲武器)，其最大

M72 及其反坦克火箭弹

特点是采用了一种创新的概念：预装的火箭和使用后即弃的发射器。顾名思义，这就是一款"用后即扔"的一次性火箭筒。

M72 的整个发射系统由一个发射器和包装在内的一枚火箭弹组成。它是便携式的，可从发射者的任一侧肩扛发射，且只配有一发弹药。正是由于这样的设计，使得该系统不需要使用者频繁维护，只要偶尔进行视觉检查和简单维护即可。

M72 的发射器由套在一起的两个圆筒组成，平时便作为火箭弹的水密包装容器。外筒只是一个包装筒，内筒才是真正的火箭弹发射筒，材质采用高强度的铝合金，内筒直径为 66 毫米。为了减轻重量，筒身采用了树脂和玻璃纤维等高新材料制成，外面的包装筒直径 68 毫米。

为了防止后喷火焰灼伤射手，M72 在发射时专门将发射机构组件、前瞄准具和后瞄准具安装在外筒的上表面，一并收在长形金属盒子的击发机构外罩内。

携行状态的 M72 具有防水功能，长 635 毫米，整体采用内外筒抽拉设计，发射前将内筒向后抽出，抽出内筒后全长 889 毫米。最小射程 10 米，准星以 25 米为单位标注射程，照门可以根据环境温度自动调节。

M72 发射时，必须将内筒抽出并锁定位置后，击发机构才会自动连接到火箭弹上。早期型号的内筒两侧有纵槽，可在导向销限制下相对于外筒纵向滑动。改进型号进行了调整，取消了内筒两侧纵槽的设置，径向定位主要依靠击发装置上的导槽和内筒上的定位凸销进行控制。这样的设置使得内筒可向后直线地拉出，并达到指定位置后锁定。

M72 的发射筒装备有前后护盖，主要是平时存放和携行时防止异物进入发射筒。早期型号的发射筒顶部后侧的击发机构很短，由前后两个独立配置的瞄准具和发火机构组成，两个瞄准具需要单独操作，发火机构则由针刺火帽、导火索和点火具组成。

后期出现的改进型发射筒，直接把击发机构外罩向前延伸至发射筒口部，变成长条形。前、后瞄准具通过联杆联动，只要一拉出内筒就可以自动弹起。新的击发机构省略掉了原有的击针保险插销，用棱形铁条代替原本的击针绳，专门加固了击发机用于减少机械传动。

为了保证射击的安全性，M72 采用按钮式扳机，设置在击发机构外罩的顶部，并用一块被橡胶封闭的弹簧钢片锁定内外筒。如果遇到不需要射击的情况需要重新收回，只需要把弹簧钢片用力下压，即可将内筒缩回到外筒内部。

根据资料显示，若要完成 M72 回收内筒的操作，其所需的力量还是相当大的，仅凭一人很难完成。但是作为一款一次性的轻型武器，其本身被回收的可能性也不大。

M72 火箭筒发射的是 66 毫米火箭弹，火箭弹采用著名的毛刷式装药，即发动机壳体（连同喷管）用高强度铝合金冲压而成，内装 19 根薄壁管状推进剂，药管前端通过悬挂螺栓固定于固药盘上，后端悬垂，形似"毛刷"，因此得名。火箭发动机的后部安装有

MELEE WEAPON ★ 反装甲神器——火箭筒　　　　　　　　　　　　　　　　　　　　　　　　233

能发射温压弹的 M72

　　6 片用弹簧固定的尾翼。当火箭在发射筒内时，尾翼向前折叠。发射后，火箭弹尾翼就会在弹簧的作用下张开，最大限度地保证弹丸飞行的稳定性。到了后期的改进型，还出现了 M72 专用的温压弹，使其用途变得更加多样。

　　M72 是一款被认为是目前最轻的一次性火箭筒，全重 2.36 千克，弹丸 1 千克，有效射程 200 米。随着复合装甲技术的发展，66 毫米战斗部的侵彻能力已经难以应付新一代的中型装甲车辆，但是依旧不妨碍 M72 系列成为美国军火库中最长寿的武器之一。原因无他，就是"好用"二字而已。

　　M72 既便于携带，也便于使用，因此受到了一线士兵的广泛欢迎。作为轻巧紧凑的一次性用品，它无

美军士兵发射 M72 火箭弹

须占用"编制",因此可以大量配发到作战单位中,士兵在使用完后直接扔掉发射筒,不用再背在身上(发射完后的发射筒,还可以通过专门的军械人员重新装填新火箭弹)。加之其生产成本较低,便于大批量装备,美军连一级战斗单位一般会配备 15 具以上。由于该火箭筒重量轻、体积小、列编方式灵活,必要时单兵可携带 2 具以上,可大大提高步兵分队攻坚能力,是小型火箭筒非占编列装的主要代表之一。

和其他武器装备一样,M72 反坦克火箭筒也有很多的问题,最大的问题就是发射时火箭筒后方会有猛烈的火焰,发射管后方 40 米以内的人员都会受到后喷火焰的伤害,因此不能在密闭空间内使用。

M72 火箭筒经过多次改进,性能也在不断提升。随着时间的推移,美国在 20 世纪 80 年代启动了一项取代 M72 反坦克火箭筒的计划,经过筛选最终选中了 AT-4 反坦克火箭筒。根据美国陆军的计划,从 1983 年开始,用 AT-4 逐步取代 M72,作为美国陆军的制式装备。

历史总是在不经意间给所有人开了一个不大不小的玩笑,时间来到了 21 世纪,据美国海军陆战队于 2020 年 8 月 4 日发布的消息称,海军陆战队将会装备一种新型的火箭筒武器,这就是 M72 FFE "劳"式火箭筒。

兜兜转转几十年，M72又回来了！这消息突然让人有了一种梦回20世纪60年代的错觉。毕竟M72火箭筒是1963年开始装备美国陆军和海军陆战队，并逐步取代M31无后坐力炮和M20A1"超级巴祖卡"火箭筒，成为美军的制式单兵和班组制式武器。

那么，此前提出的用性能更强、威力更大的AT-4反坦克火箭筒取代M72的计划为何未能实现？这是否意味着AT-4存在某些重大缺陷或问题？历史的选择虽然令人不解，但是它恰恰遵循了一个最基本的原则：一切从实用出发。进入21世纪以后，全球轰轰烈烈的反恐战争开始了，所有的事情都发生了不

使用AT-4火箭筒的美军士兵

一样的变化。

20世纪80年代美军选择AT-4火箭筒，主要是为了对付苏联的T-72和T-80坦克，但在后来的阿富汗和伊拉克战场上，美国军队打击的对手基本没有坦克或者装甲车辆，实际上美军主要用火箭筒打击各种火力点甚至是普通的民房。

虽然AT-4反坦克威力更大，但它也比M72要重得多。AT-4反坦克火箭筒的重量为6.8～8.2千克，长1016毫米。这意味着士兵可以随身携带2枚M72反坦克火箭筒，而尺寸与重量才仅仅与一枚AT-4相当。

相比之下，M72火箭筒因为具有折叠设计，士兵身背一枚火箭筒的同时，基本对使用自己的轻武器没有影响。在这种情况下，美军在进入21世纪后，又重新开始采购M72火箭筒了。2011年，美国海军陆战队以1550万美元的价格，采购了7750个M72A7火箭筒（相当于2000美元一个，如果考虑通货膨胀因素，比80年代的M72还便宜）。这种火箭筒的发射原理没有改变，只是将发射药改为更加安全的钝感炸药（PBXN-9），而后续美军还装备了更适合攻击软目标的M72A7 Graze火箭筒。

2020年美军宣布采购的新型弹药被称为M72FFE（FFE意为封闭空间开火），在发射原理上相比之前的M72系列有了很大的变动。它取消了原来M72系列火箭筒的续航发动机，改为了平衡抛射原理。也就是说，它的发射药在发射筒内点燃后，将弹丸向前抛射的同时，也会加速发射筒后端的平衡工质，而这个平衡工质通常是盐水，只要其他人不直接站在发射筒后

最新的 M72 FFE "劳"式火箭筒

面被水蒸气烫伤，就没什么问题。这样，美军就有了一种轻型、便携、室内发射、威力较大、打得也准的单兵火箭筒，2022年开始列装美国陆军和海军陆战队。

尽管 M72 火箭筒在对抗主战坦克时可能难以实现有效毁伤，但在打击轻型装甲车辆及野战工事方面仍具备显著的作战效能。针对"如无损坏、无须修复"这一原则，美国陆军及海军陆战队将持续列装这种便于单兵携行的一次性火箭发射装置。

时至今日，M72 已服役超过六十载，其间屡遭各类新型武器的挑战，试图取代其地位，然而至今仍未见任何退役的迹象。正如卓越的人才永不湮没于历史长河，优秀的武器亦将长存于军事舞台。

"陆战之王"克星——便携式反坦克导弹

在冷战时期，在进一步发展火箭筒、无后坐力炮等传统反坦克武器的同时，单兵反坦克武器的大家族里面还出现了一位强大的新成员，那就是便携式反坦克导弹。便携式反坦克导弹是一种可以由单兵携带的用于击毁坦克等装甲目标的导弹。

第一代反坦克导弹崛起于20世纪50年代，但直到20世纪80年代，单兵导弹才得到前所未有的发展，世界主要发达国家相继推出了"发射后不管"的第三代便携式反坦克导弹。

在现代反坦克兵器中，之所以便携式反坦克导弹能在战场上"绿树长青"，甚至成为各国采购量最大的反坦克武器之一，主要是因为它的威力和精度及射程不仅比其他的"同行"要高，由于包装筒往往采用重量较轻的复合材料制造，使得重量大幅降低，不仅能像火箭筒那样肩扛发射，还拥有较好的机动性和隐蔽性。特别是在攻顶打击方式诞生后，便携式反坦克导弹采用威力较小的战斗部同样也能给"头盖骨"较薄的坦克带来"灭顶之灾"，这就使其拥有了更大的用武之地。

在现代战场上，便携式反坦克导弹可配备温压战斗部，对盘踞在城市废墟或坑道工事中的敌人进行打击，还可通过换用战斗部的方式打击低空飞行的武装直升机或战斗机。

当前一些国家正在研发便携式反坦克导弹的多模聚能战斗部，并大力发展变推力固体火箭发动机和"四微"软发射技术，进而实现火箭发动机运行时的微声、微烟、微焰、微后坐力，确保在发射时能够最大限度地隐藏射手位置，并在封闭空间内更安全、更高效地发射。

综上所述，相较于火箭筒，单兵便携式反坦克导弹以其更高的灵活性和作战效能，朝着技术更先进、作战更智能的方向持续演进。

坦克"终结者"——
美国"标枪"反坦克导弹

FGM-148"标枪"反坦克导弹,是由美国雷声公司和洛克希德·马丁公司于1989年6月开始研制,1996年正式列装美国陆军的一款便携式单兵反坦克导弹,也是世界上第一种采用焦平面阵列技术的便携

"标枪"反坦克导弹

式反坦克导弹。

第二次世界大战末期，德国设计的 X-7 反坦克导弹（又名"小红帽"）堪称反坦克导弹的鼻祖，由于纳粹德国的灭亡，致使该型导弹并未投入使用便停止了试验和生产。尽管如此，但是其设计思想却流传了下来，也开创了单兵反坦克导弹的发展历史。第二次世界大战后至 20 世纪 60 年代初，苏、英、法等国家以德国的"小红帽"技术为基础，先后发展了多个型号的反坦克导弹，它们均采用目视瞄准跟踪、手控指令、导线传输为基本指导模式，对射手要求较高，操作相对来说比较困难，命中概率只有 50%～70%，这就是人们常说的第一代反坦克导弹。

第一代和第二代反坦克导弹都是比较基础的型号，自重过大，很难实现单兵携带的"轻量化"。真正将反坦克导弹带入单兵携带的新发展阶段的，还是从第三代反坦克导弹开始，其中最著名、影响最大、最具有开创性且应用最广泛的莫过于美国研发的 FGM-148"标枪"便携式反坦克导弹。

20 世纪 60 至 70 年代，美国研制装备了 FGM-77"龙"反坦克导弹，采用有线指令传输的红外半自动跟踪制导体制。到了 20 世纪 80 年代中后期，随着苏军新一轮武器装备换装的基本完成，美军在欧洲战场所面临的环境趋于恶劣，有线指令传输的红外半自动跟踪制导体制在技术上的先进性已经被削弱。在此背景下，改进型 FGM-77"龙"反坦克导弹与实际战术要求之间仍然存在距离。

鉴于此种情形，美国陆军认为，经历了渐进式改

"标枪"反坦克导弹

进的 FGM-77 反坦克导弹系列已经难以满足作战需求，立即启动了新型便携式反坦克导弹系统的研制计划，即"先进中型反坦克武器系统"计划。

1989 年 6 月，美国陆军发布了研制 FGM-148"标枪"导弹的合同，雷声公司和洛克希德·马丁公司组建了"标枪"导弹研制的合资公司，其中：雷声公司负责"标枪"导弹的指挥发射单元、导弹制导电子单元、系统软件和系统工程管理；洛克希德·马丁公司则负责导弹导引头、工程和组装。最初计划研制的时间为 36 个月，后来因为红外焦平面阵列导引头的批量生产过程遇到问题，两次延期到了 60 个月。1991 年该弹被正式定名为"标枪"便携式反坦克武器系统。

1992 年 4 月到 1993 年 11 月，"标枪"便携式反

FGM-77"龙"反坦克导弹

坦克武器系统先后完成发射试验、构件鉴定发射试验、初始使用试验，1994年5月开始小批量生产，1996年开始部署于美国乔治亚州的本宁堡陆军基地，1997年全面投产。

1996年，"标枪"系统一经装备美国陆军，军方提出了一系列的改进计划，包括降低导弹本身的重量、降低指令式发射控制装置重量等，使其更加轻型化，更便于单兵携带和使用。同时，对"标枪"导弹的主飞行发动机也做了改动，使用新型助推装药和飞行推进装药，使射程增大至4000米；用128×128红外焦平面成像探测器阵列替代原来的64×64阵列，用以增大导引头探测距离，强化抗干扰能力，引入跟踪自动决策和弹道自动选择功能，增加隐蔽物后的和装有主动防护系统的目标攻击能力等。

最后定型的完整的"标枪"导弹武器系统，主要由3个部分构成：发射控制装置、发射管组件和导弹。其中，发射管组件和导弹是封装在一起的。在采购和装备部队时，"标枪"系统的发射控制装置和封装好的导弹的配备比例一般为1∶9或1∶10。这样的设计使得在作战时只需要将两部分结合起来，待导弹发射后可直接拆下并抛弃发射筒，如果需再次作战，那么将发射控制装置与新的筒装导弹组合即可。

可重复使用的发射控制装置是整个"标枪"反坦克导弹系统的瞄准组件，共有3个不同的视野窗口（窄视野镜头、宽视野镜头和日视野镜头）用于寻找目标、瞄准和发射导弹。同时，发射控制装置也可以作为便携式热瞄准器与导弹分开使用。正是由于有了这个"模块化"的瞄准系统，要完成打击任务射手不

改进后的"标枪"，射程可达4000米

"陆战之王"克星——便携式反坦克导弹

窄视野镜头、宽视野镜头和日视野镜头（左起）

再需要与装甲运兵车和带热成像仪的坦克保持持续接触。这也使得射手更加容易感知到他们在其他情况下无法发现的威胁。

（1）窄视野是一个12倍的热瞄准镜，主要用于更好地识别目标车辆。

（2）宽视野是4倍放大的夜视图，用于向射手显示被观察区域的热成像，这也是导弹射手使用的主要视图，因为它能够探测到红外辐射，从而发现隐匿的的部队和车辆等目标。宽视野元器件的内部由连接在瞄准器上的小型制冷装置进行冷却。这样一来，瞄准器内的温度远低于它所检测到的物体的温度，极大地提高了热成像元器件灵敏度。

（3）日视野是 4 倍放大的日视图，主要用于在白天运行时扫描可见光下的区域。启用这种模式后，日视野可以在日出和日落之后 (此时由于地球的自然快速加热和 / 或冷却，热图像难以聚焦) 对目标区域进行不间断扫描。

导弹射手一旦通过瞄准装置选择了最佳目标区域，只需要按下操控台上两个扳机中的一个，便会自动切换到一个 9 倍放大的热视图。这一过程类似于大多数现代相机的自动变焦功能。这个 9 倍热视图的视野也可与前面提到的 3 个视野一起使用，切换也十分方便，均用同一个按钮即可完成。

装备有发射控制装置的完整"标枪"正面

除了"标枪"导弹的标准发射控制装置外，美国陆军还专门开发了一种全新的"轻型发射控制装置"作为改进型号，体积减少了70%，重量减轻了40%，电池寿命增加了50%，更加轻便、耐用。轻型发射控制装置还具有长波红外传感器、分辨率更高的高清显示屏、集成手把、500万像素彩色摄像头、通过肉眼或红外看到的激光点、使用GPS的远距离目标定位器、激光测距仪、航向传感器和现代化的电子设备。

改进后的轻型发射控制装置

"标枪"导弹的基本配置是两个大块组件，除了科技含量最高的发射控制装置外，发射者还需要携带一个被称为发射管组件的一次性发射管，用于容纳导弹并保护导弹免受恶劣环境的影响。同时，发射管内置电子设备和锁定铰链系统，使发射管内的导弹与发射控制装置的连接和分离成为一个快速而简单的过程。

正因为如此，很多人也将发射管和其内部的导弹

轻型发射控制装置及发射管

作为一个整体，毕竟除了发射控制装置是重复使用的以外，发射管和导弹都属于"一次性"的消耗品。

"标枪"导弹的弹体采用正常气动布局，外壳为圆柱形，在弹体中后部有8片折叠弹翼，尾部有4片折叠尾翼。导弹发射前，弹翼、尾翼分别向前折入导弹弹体，在导弹本体发射离筒后会迅速展开，从而稳定弹体的飞行模式。

整个导弹的弹体结构布局从前向后依次是红外焦平面成像导引头、前置战斗部、电子舱、主战斗部、具有推力矢量控制功能的单室双推力固体火箭发动机、控制执行装置与尾翼。

作为一款专门用于反坦克的导弹，"标枪"的弹头战斗部有专门应对爆炸性反应装甲的设置，采用的策略是使用串联弹头，这种弹头可以利用爆炸性的定型炸药来产生金属流，形成可以穿透装甲的狭窄高速粒子流。

"标枪"之所以使用两个串联的聚能装药弹头，原理与之前介绍的俄罗斯 RPG-30 火箭筒类似，首先使用威力稍弱的、直径较小的前体装药引爆目标的反应装甲，为直径大得多的主弹头扫清道路，然后利用主弹头的爆破穿透目标的主要装甲。其中，前体装药的外壳采用两层钼制的衬里，主弹头采用铜制的衬里。为了保护主装药免受导弹弹头撞击和前体装药引爆所引起的爆炸、冲击和碎片的影响，在两个装药之间还加装了一个中间有孔的复合材料防爆罩，主装药的铜制衬里则会使战斗部产生更高速度的射流。

这种串联战斗部的设计在使弹头尺寸变小的同时，威力变得变大，为主火箭发动机的推进剂留下了更多的装药空间，从而进一步增加了导弹的射程。不得不说，这是一个具有开创性的设计。

"标枪"导弹系统的导弹动力装置采用两级固体火箭发动机（发射级和加速级），战斗部装有被称为"电子安全武装和火力系统"的电子装备和引信。

这个"电子安全武装和火力系统"可以在射手扣动扳机后，给发射电机提供一系列指示，启动发射程序，当导弹达到一个关键的加速点时（表明它已经离开发射管）启动第二级火箭推进器。在对导弹状况进行另一次检查（目标锁定检查）后，该系统会发动最后一次的信号，确保导弹的战斗部在撞击目标时被顺利引爆，并在导弹击中目标时，启用串联弹头的全部功能（在前导装药爆炸和主装药爆炸之间提供适当的时间间隔）。

  正是有了系统的加持，"标枪"导弹在发射时，第一级推进器的发射级装药在发射筒中只需 0.1 秒即可燃烧完毕，并赋予导弹较低的初速 (15.24 米/秒)，这样可以在发烟最少的前提下实现软发射，既降低了导弹发射时的红外和可见光特征，也大大降低了后坐力和尾喷，从而使导弹具备从密闭空间发射的"四微"（微光、微声、微烟、微后坐力）软发射能力。导弹出筒后惯性飞行 3 米左右，第二级推进器加速级装药点火，燃烧时间约 4.55 秒即可将导弹加速到最大速度（167 米/秒），此后导弹只依靠惯性飞完全程。

  "标枪"便携式反坦克导弹系统重量轻、弹体小、威力大，整套系统（包括制导系统及射控主件）重 22.3 千克，其中：弹体直径 12.7 厘米，重 11.8 千克，长 108 厘米；发射管重 4.1 千克，长 119.8 厘米。

  在世界众多的反坦克武器中，美国"标枪"被公认为是最先进和最危险的一种。这是因为"标枪"最大的特点就在于发动攻击的方式，与其他反坦克导弹不同，它首次采用了直射和俯冲攻顶两种攻击模式。俯冲攻顶模式为"标枪"导弹独创，可以使导弹从天而降，打击坦克最脆弱的顶部。直射攻击方式自然不必细说，几乎所有的火箭筒和大部分的反坦克导弹都采用这种攻击模式。在这里重点讲解一下"标枪"导弹的"俯冲攻顶模式"。

  如果发射"标枪"导弹的射手选择了俯冲攻顶的打击模式，导弹会在对特定目标进行攻击时飞到高于发射点 90 米的地方，并在飞行中不断用自身的导引头探测跟踪目标，弹体上的芯片会不间断地进行信息处理并形成控制信号，控制导弹沿"正确"的弹道飞行。待到达目标上空时，导弹开始转向并开启俯冲模式，最后由"电子安全武装和火力系统"控制近炸引信并引爆战斗部，对坦克等装甲目标的顶部进行直接打击。由于攻击的是坦克顶部这种相对薄弱的位置，"标枪"便携式反坦克导弹系统在采用顶部攻击方式时，使用的串联战斗部能击毁当下绝大多数的主战坦克。

"标枪"导弹本体上就有导引系统，发射后不需要射手进行手动控制。这使"标枪"便携式反坦克导弹系统成为单兵反坦克导弹发展史上的一个里程碑，是世界上第一款"发射后不管"的单兵便携式反坦克导弹。

发射后不用管的"标枪"

有统计结果表明,"标枪"导弹的平均首发命中概率在 94% 以上。这主要归功于导弹采用俯冲攻顶模式,不仅能打击坦克装甲的薄弱处,还能提高目标的识别和跟踪能力。当俯冲角超过 60° 时,坦克在瞄准系统中的投影尺寸将比正面增大近 4 倍。

尽管"标枪"的串联弹头已被证明在摧毁坦克方面很有效,但在实战中美国军队发现他们需要对付的大多数威胁还是装备各种武器的人员和团队、建筑物、轻型装甲和非装甲车辆等。为了使"标枪"导弹在对付这些目标的情况下更加有用,研发人员专门为"标枪"导弹开发了一种多用途弹头,虽然新式弹头对于坦克等装甲车辆仍然具有一定的杀伤力,但新弹头更换了一个可以自然碎裂的钢弹头外壳,使得其对敌对人员的杀伤力加倍。

"标枪"导弹系统不是完美无缺的,依然存在很多问题,例如火控系统的热成像需要长达 2 至 3 分钟的时间冷却,冷却之后才能使用。"标枪"的最大射程还是处于坦克的优势火力范围内,如果坦克能够保持态势感知优势,那么主动对抗发射"标枪"的人员并不困难。由于有"标枪"这样的反坦克导弹存在,坦克等装甲车辆的主被动防御体系也会不断地提升和改进,只要主动防御系统能够发现坦克正上方的目标并对其拦截,那么"标枪"的威力将会大打折扣。

"标枪"便携式反坦克导弹系统在全球范围内实现了广泛部署。美国及其盟国组成的联军在阿富汗和伊拉克战场上,已累计使用"标枪"系统执行超过 5000 次实战任务,充分验证了该导弹系统的实际作战效能。

迄今为止,"标枪"系统的改进型号仍在持续研发与升级,使其成为少数几款历经实战检验的现役反坦克导弹系统之一。展望未来,"标枪"系统将继续在全球军事舞台上发挥重要作用。

乌克兰陆军装备的"标枪"

西方坦克的噩梦——
俄罗斯"短号"反坦克导弹

9M133"短号"反坦克导弹是俄罗斯图拉仪器设计局研制的便携式反坦克导弹，北约代号 AT-14，绰号"守宝妖精"。

"短号"便携式反坦克导弹

若是有人提出这样一个问题：当下最耀眼的反坦克明星是哪一个？这种问题确实不会有一个标准的答案。有人可能会说，这个明星是俄罗斯的RPG系列反坦克火箭筒，因为它在全球都有击毁装甲目标的记录。也有人可能会说，这个明星是美国"标枪"反坦克导弹，因为在海湾战争中有不少的坦克被"标枪"所毁伤。但是，21世纪多次局部战争实践表明，俄罗斯的"短号"反坦克导弹才是最亮眼的那一颗"明星"。曾经有美国媒体提到，"西方现有各类坦克完败于俄罗斯反坦克武器"，这款令美国人为之惊叹的武器就是"短号"系列反坦克导弹。那么究竟是怎样的一款反坦克导弹，让西方的媒体如此忌惮，甚至被冠以"西方坦克的噩梦"之名？下面一起看一看"短号"的独特之处。

俄罗斯反坦克导弹的起源可以追溯到20世纪50年代。苏联研制出3M6"熊蜂"第一代反坦克导弹，北约代号AT-1，绰号"甲鱼"，并于1960年装备苏军。AT-1弹径140毫米，长1160毫米，全重22.25千克，战斗部5.5千克，具有头部呈锥形的短圆柱形弹头，无鸭式前翼，尾部有"十"字形三角弹翼，翼后有空气扰流片，制导方式为目视瞄准和跟踪，手控有线传输制导指令。

作为一款重型反坦克导弹，AT-1动力装置为单级固体火箭发动机，无法被单兵携带并发射。AT-1采用架式发射，但也可车载或机载发射，但导弹体积过于庞大、操作性能低下、飞行速度难以提升，不久就被更先进的AT-3反坦克导弹所取代。

AT-5"拱肩"反坦克导弹

20世纪70年代中期，苏军开始装备第二代反坦克导弹，主要用于打击坦克和装甲战车，以及敌方防御工事。这个时期的型号主要有1976年服役的AT-5"拱肩"反坦克导弹、1978年服役的AT-6"螺旋"反坦克导弹，相比于第一代反坦克导弹，它们的制导效果更加出色，但毁伤效果相对不是很显著。

1994年10月，第三代反坦克导弹"短号"首次亮相。与"标枪"反坦克导弹多用途战斗部一样，"短号"虽然属于反坦克武器且具有较强的破甲能力，但是实际上也是一个"战场多面手"，可以在实战中完成更广泛的作战任务，打击各种不同的目标。

很多军事专家认为，未来单兵携带的反坦克导弹的作战目标，坦克和装甲车辆仅占30%～35%，在其他的大多数情况下都是用作伴随步兵作战的轻型火器，打击各类敌人的掩体和野战工事等目标。这样的战场形势判断以及对战场目标的认识成为研制"短号"便携式反坦克导弹最根本的依据，并直接影响了"短号"系列导弹的技术性能。

"短号"便携式反坦克导弹是一种威力强大的多用途突击武器，既可搭载在越野汽车、装甲车和坦克上使用，也可在地面上发射；既可对付具有披挂反应装甲的新型主战坦克，也可攻击各类野战工事。

"短号"反坦克导弹自登上世界舞台之后，在多场局部冲突中表现都十分抢眼，对战场上的不少先进主战坦克构成了不小的威胁，因此也被人称为"装甲毁灭者"。

俄军装备的安装了"短号"的挎斗摩托

最终定型的"短号"便携式反坦克导弹，弹体为圆柱形，直径152毫米，采用鸭式布局，前面有2片折叠式鸭舵，尾部有4片折叠式梯形稳定翼。动力装置由1台起飞发动机和1台续航发动机组成，起飞发动机负责将发射筒内的导弹推出，续航发动机才会开始工作，最终让导弹以最大240米/秒的飞行速度攻击目标。

"短号"反坦克导弹的最小射程100米，最大射程5500米，夜间最大射程3500米。为了对付不同的目标，"短号"专门配备了反坦克战斗部和多用途战斗部。

"短号"系列导弹的整体结构与常用的新型反坦克导弹结构差不多，其系统布局从前到后依次是：引信（可以选用碰炸引信或延迟引信）、前置小型战斗部（用来提前引爆爆炸反应装甲）、续航发动机（用于空中巡航飞行）、主战斗部（主要为空心装药破甲战斗部）、制导电子组件（用于控制导弹飞翼偏转方向调整飞行姿态）、初始发动机（将导弹推出发射筒到达安全区域）。

"短号"导弹本身的前置战斗部用来击穿和引爆爆炸反应装甲，主战斗部用于击穿坦克的主装甲（这个模式和"标枪"差不多），可穿透1200毫米的轧制均质装甲，威力惊人，可以摧毁所有装备附加或内置爆炸反应装甲的现代主战坦克，也可穿透厚达3～3.5米的混凝土防御工事和建筑物。

"标枪"导弹搭载反坦克战斗部时，前置战斗部和主战斗部之间的续航发动机不仅可以提供动力，还可以保护主装药不会被前置聚能装药破片和被打击目标的爆炸反应装甲碎片提前引爆，从而达到增大聚能聚焦、增强穿甲能力的效果。

与世界上其他先进的反坦克导弹相比，"短号"反坦克导弹性能优异，有许多自己的独到之处。

（1）与西方国家普遍使用的"发射后不用管"的导弹相比，"短号"反坦克导弹采用"即见即射"的发射模式和激光束制导方式，能够确保导弹在最大射程仍能发挥最大的威力。相对于"标枪"等导弹普遍采用的长红外波段的热像仪，若是打击目标与背景（如掩体、土质和木质碉堡、机枪掩体和其他工事）区别不明显时会有很大的局限性，尤其是在遭遇被动干扰的情况下很难保证"标枪"等导弹的命中率。

"短号"反坦克导弹发射瞬间

"短号"反坦克导弹采用半自动激光束直瞄制导系统，沿着地面激光照射器发出的激光波束飞行。射手利用昼夜瞄准镜瞄准目标的同时，激光照射器发出的激光束会直接照射目标，导弹可以"感受"到自身所在激光束中的位置，进而不断产生修正指令，使导弹沿着激光波束轴线飞行，直至命中目标。这样的设计使得"短号"反坦克导弹抗干扰能力较好，能够完全抑制世界主流的光电干扰装置的干扰。

因此，"短号"反坦克导弹在离开发射筒后，将以激光束为轴线做螺旋式飞行，这种模式对于烟雾弹、红外线等多种干扰手段均有较强的对抗能力，可有效降低被拦截的风险，从而确保较高的命中率。

"短号"反坦克导弹系统采用"即见即射"模式，能够快速打击突然出现的目标，减少射手暴露时间，提升战场生存能力和作战效率。在此模式下，导弹系统会有一个快速响应的目标跟踪和制导模块，可以在较短时间内锁定目标并实现精确打击。

"短号"反坦克导弹系统具有快速响应和抗干扰能力强的特点，适用于对小型、移动或高价值目标的快速精准打击。"短号"导弹尽管携带的电子设备、燃料和战斗部更多，但依然不具备"发射后不管"的能力，并不属于最新一代反坦克导弹，坦克和装甲车辆上搭载的激光告警系统仍有快速发现"短号"的可能性。

（2）与"标枪"便携式反坦克导弹系统一样，"短号"反坦克导弹采用串联式战斗部构型，先由第一个战斗部引爆敌方目标的反应装甲，再由第二个战斗部穿透主装甲，这样的设计大大提高了导弹系统的杀伤效果和战斗灵活性，可以实现更大的杀伤半径，以及更强的穿透能力和多目标攻击能力。

（3）"短号"反坦克导弹系统采用运储一体设计，不仅操作方便，而且更加容易单兵携带。长1.2米、重29千克的"短号"反坦克导弹系统只要两名士兵即可完成全部操作，而且从准备到发射的时间不超过1分钟。

（4）"短号"反坦克导弹系统不仅可以通过三脚架进行发射，还支持俯姿、跪姿和站立姿势3种姿态进行射击，能够完美地适用步兵部队和特种部队等不同作战单位。

两名士兵即可"驾驭"的"短号"

为了满足"短号"系统的发射需求,设计师们还专门开发了一款名为"9P163M-1"的发射器。这个发射器由发射筒、瞄准装置、三脚架、制导和触发装置总成组成。其中,发射筒(含导弹)重25千克,在运输和机动过程中可以折叠成一个紧凑的结构,能轻松采用人力搬运或其他工具运送至战场的任一角落。此外,发射支架可以方便地调整长度,在战场上快速固定到合适的位置。"短号"反坦克导弹采用一体封装的模式,导弹可储放在发射筒内,发射前无须检测即可发射,能够做到随拿随发。

"短号"反坦克导弹系统最重要的优势就是性价

俄罗斯士兵正在组装"短号"

比超高，使用方便且不需要维护，省却了配备高素质维护人员的必要开支。甚至有人提出了一个观点"只要会打鸟，就会用短号"，虽然这句话说的确实有点夸张，但也从一个侧面展示了"短号"使用之方便。综上所述，"短号"反坦克导弹的实用性和经济性比较好。相对来说，那些"发射后不用管"的新型反坦克导弹的价格要比"短号"反坦克导弹的价格高出5～7倍，对于"打仗就是打经济"的现代战争来说，这个价格上的差距确实不容小视。

"短号"导弹采用的直瞄制导系统不具备发射后不管的能力，坦克装甲车上搭载的激光告警系统仍有快速发现"短号"射手的可能，加之这样的制导方式虽然无法自动锁定目标，但却可以打击一些不会发热的建筑工事。加之"短号"的射程相对较短，适合用于近距离作战环境，能够在复杂城市环境或山地丛林等限制射程的情况下正常发挥作用。

"短号"制导方式的缺点也是十分明显的，由于受到激光制导的限制，较为容易受到烟幕、气溶胶甚至目标颜色的干扰，因此容易引导战斗部打击到一些不太明显的假目标。而为了让导弹命中目标，必须保证激光持续照射打击对象，而现在各类长航时无人机或者便携式无人机都可以长时间凌空探测地面，这种需要射手长时间暴露的举动可以说是非常危险的。

总而言之，瑕不掩瑜，"短号"便携式反坦克导弹的实战能力还是毋庸置疑的，在军事冲突中得到了大量实战检验。2016年就有在伊拉克战场美制M1A1"艾布拉姆斯"主战坦克被"短号"反坦克导弹击毁的记录。俄乌冲突中2023年俄军为了争夺罗博季涅战线，一线士兵使用"短号"反坦克导弹直接击毁了"挑战者-2"主战坦克，这一款号称北约最好的坦克在"短号"面前竟然也"不堪一击"。

"短号"导弹近几年来在热点地区表现十分抢眼，击毁了包括以色列"梅卡瓦4"、美国"艾布拉姆斯"、德国"豹2"在内的世界各主要强国的多型先进主战坦克，几乎成了当下最耀眼的反坦克导弹明星。理论上"短号"以垂直角度命中"豹2""艾布拉姆斯"这一级别主战坦克的正面装甲，毁伤效率可达恐怖的70%～80%。西方媒体给"短号"冠上"西方坦克的噩梦"这个称谓，也是实至名归的。

在伊拉克战场上被"短号"击毁的美制M1A2坦克

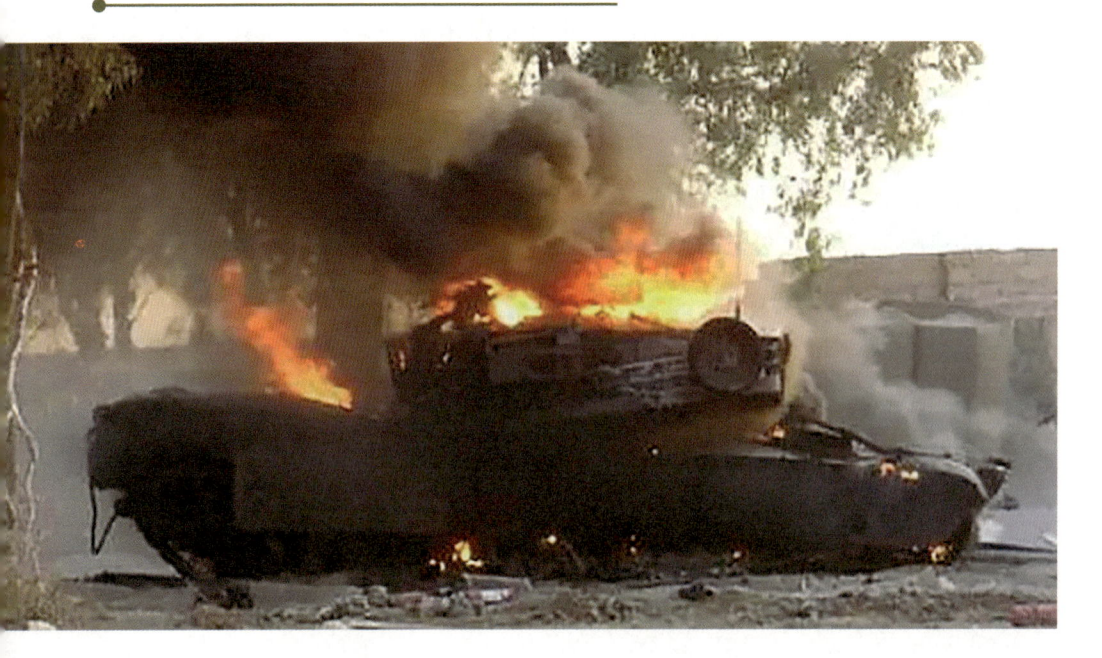

MELEE WEAPON ★ "陆战之王"克星——便携式反坦克导弹

俄罗斯士兵正在使用"短号"

单纯从"甲弹对抗"的技术角度看,"短号"便携式反坦克导弹对付西方主战坦克还是有很高胜算的。武器是战争的重要因素,但不是决定因素,真正能够决定战争胜负和走向的永远是人而不是物。在未来的战场之上,"短号"反坦克导弹到底短不短,还需要进一步"拭目以待"。

间瞄打击的先驱者——
以色列"长钉"反坦克导弹

  "长钉"导弹是以色列拉斐尔公司20世纪90年代末期自主研制的一种第四代反坦克导弹,堪称现今世界一流的反坦克制导武器,其销量在世界上也是首屈一指的,就如同一句话说的那样"虽然贵,但是贵的很有道理"。"长钉"系列反坦克导弹被人们公认为世界上"最聪明的反坦克导弹",拥有诸多的美誉。

以色列的"长钉"的简约设计

以色列曾在 20 世纪 80 年代推出了庞大的反坦克导弹发展计划，成功研制出了"哨兵""玛帕斯""弗莱姆"等反坦克导弹，但这些导弹的性能均未能达到预期的效果。直到 20 世纪 90 年代末，以色列拉斐尔公司在细心钻研美国所研制的"陶"和"标枪"反坦克导弹的设计后，提出了"长钉"系列反坦克导弹的研制计划。从这个时候开始，"长钉"开启了属于自己的漫漫征途。

"长钉"是新一代的多平台多功能导弹，也是一款先进的新型装备。与其他同时期同类型的反坦克导弹相比，"长钉"反坦克导弹无论是从火力的强劲性还是功能的完备性上都要略胜一筹。作为"多面手"的新型"长钉"型号，还可以根据不同的战场环境调整火力打击的方式，为一线部队制定火力打击战术时提供更多的选择。

1999 年，"长钉"导弹的原型系统正式在国际防务展上推出，这是"长钉"导弹的首次公开亮相，而有传言称其早就已经在以色列国防军中服役。"长钉"是一个系列型号的统称，目前至少有 5 个型号同时服役，且"长钉"系列的每个型号都有所区别，型号名称也都经历过很大的变更。早期的"长钉"被称为 NT（Nun Tet，是希伯莱文"反坦克"的意思），当时就包括 3 种不同型号的反坦克导弹："吉尔""长钉"和"丹迪"。

2002 年，拉斐尔公司宣布将原来 NT 系列导弹正式更名为"长钉"系列导弹，并宣布"长钉"系列导弹包括短程型的"长钉"SR、中程型的"长

"长钉"NLOS（间瞄）导弹

钉"MR 和远程型的"长钉"LR，以及增程型的"长钉"ER，这些导弹的射程从 800 米到 8000 米不等。2009 年，拉斐尔公司又公布了非瞄准线型的"长钉"NLOS，最大攻击距离可达 25 千米。除了这些比较"知名"的型号以外，还有"长钉"萤火虫和"长钉"迷你（mini）等多个"特制"的版本。

这里必须要说明的是，"长钉"是一个系列型号的导弹，每一款"子型号"都有不同的发展脉络。就拿"长钉"间瞄来说，其发展到现在已有 5 种不同的类型。最新的一款间瞄型号于 2022 年发布，可谓"一直走在前进的路上"。

无论哪一种型号的"长钉"，主要模块都是一样的，均由导引头、主战斗部、飞行自控发动机、电池组、主发动机等基本结构单元组成，发射装置由命令发射单元、热成像仪和三脚架组成。

在战斗部的选择上，"长钉"作为一款"发射后不管"的智能型反坦克导弹，和"标枪""短号"这些世界主流的反坦克导弹一样，采用串联战斗部。在打击敌方坦克目标时，前战斗部负责引爆敌方坦克附加爆炸反应装甲，主战斗部则紧跟其后，一举摧毁敌方坦克的主装甲。

不同于其他类型的反坦克导弹，"长钉"采用折叠矩形弹翼设计，发射后能够很好地进行飞行控制，关键的导引头部分更是采用了固态摄像机的图像转换装置，配合光纤数据传输链路使用，智能化程度非常高。

"长钉"导弹在发射后，所有型号的弹体几乎都会直接上升到一定高度，一边从顶点下降一边飞向目标，给予射手尽可能多的时间用来观察周围情况，并做出最终的打击决定。发射"长钉"时，可以使用发射装置附带的具有 5° 视场的 10 倍瞄准镜，若是在夜间射击的情况下，还可以使用热成像设备引导导弹飞向目标。

远程型"长钉"LR

在战斗模式的选择方面，早期的"长钉"短程、中程、远程3种类型的导弹都采用了双重战斗模式，即"发射后不管"模式和"发射、观察、修正"模式。其中，"发射后不管"模式主要利用导弹自主制导方式，只要目标确认，就可以直接免除人工追踪瞄准过程；"发射、观察、修正"模式则在"发射后不管"模式的基础上进行了一些改进，主要是为了增加"容错率"。例如，若发射完"长钉"导弹的射手发现下令攻击的是一个假目标，则可通过光纤传输线路，改动坐标位置等关键信息，从而调整打击的方向和目

波兰士兵正在使用"长钉"MR

标。这个线路还可以在导弹摧毁目标后将战场的实时图像传给射手，令射手对导弹的最终打击效果进行客观的评估。

正是因为有这样的双重打击模式，使得"长钉"系列导弹具备了即使导弹发射后还可调整目标甚至取消打击任务的能力，这也是"长钉"被人们称为"世界最聪明"反坦克导弹的原因所在。

2009年，第五代"长钉"NLOS（间瞄）导弹正式公布，汇聚了以色列将"非瞄准线"技术改进融合后得到的成果。"非瞄准线"技术是指利用创新型的瞄准系统和制导方式，使发射导弹的射手处于直接通视距离之外，从而在保存己方有生力量的前提下，最大限度地达到摧毁目标的效果。听起来有些复杂和拗口，若换个简单的名词来概括，那就是"电视制导"技术。

如同"标枪"首创的俯冲攻顶一般，"长钉"间瞄系列导弹的最大创新就在于使用了"非瞄准线"技术，引领了世界反坦克导弹的"潮流"。"电视制导"不是一个多么新鲜的事物，但这种技术的小型化程度一直都不高。在"长钉"间瞄导弹出现之前，能够使用这种技术的导弹都是大型的防空导弹，而"长钉"导弹在融合"电视制导"技术并小型化轻量化的批量装备后，成为世界首款可以在观看屏幕的情况下引导导弹到达目标的反坦克导弹。

"长钉"系列反坦克导弹之所以推出这个"一边看屏幕"一边引导导弹飞向目标的系统，是因为其最初设计用于摧毁火炮射程外的敌方装甲部队，利用导

MELEE WEAPON ★ 近战利器 利刃在手寒芒现

"阿帕奇"发射"长钉"间瞄反坦克导弹

弹的"超视距"打击威力，增加己方部队的火力打击能力。

"间瞄"导弹包含发射器和导弹之间的一根小型光纤电缆，弹头上附有一个摄像头，可以在飞行过程中侦察导弹周边情况。采用了这种系统之后，射手在反坦克导弹发射后，可以选择在整个飞行过程中同步观察目标并手动引导弹体击中目标。为了达到最佳的

战斗效果，最新的"间瞄"导弹射程接近40千米，由于发射后可以对弹丸的飞行进行可视化控制，因此射手无须过于关注所打击的目标在导弹发射瞬间的详细位置等信息，甚至可以"先发射再说"，从而可以达到快速发射和快速响应的目的。

经过改进的"长钉"超视距反坦克导弹，弹丸本身就能够实现精确制导，可以自行飞向目标位置，但射手依然可以直接干预弹丸的飞行过程，并在一定程度上调整弹丸的飞行方向，从而达成"开火再观察"的效果。由于导弹引导头捕获的实时视频图像可以链接到专用的军事指挥和控制网络，不仅可以令射手对导弹的打击目标进行调整，还可以将打击指令上传到悬浮的无人机等媒介之上，甚至可以根据后方的火炮雷达等获得的信息来引导导弹飞向目标，从而达成"发现即摧毁"的战术目标。

2022年6月，以色列在巴黎举行的国际武器工业贸易展览会上公布了第六代电光"长钉"间瞄导弹。从公布的信息看，第六代"长钉"间瞄导弹具备分布式制导、中继控制、智能识别等特点，采用了分布式制导与智能识别技术，使得该导弹射程更远、打击精度更高。最新型号"长钉"间瞄导弹能够采用陆基、空基和海基的发射方式，射程较早期型号也有了大幅提升，采用地面发射系统发射时最大射程为32千米，采用直升机平台发射时最大射程可达50千米，实现了真正意义上的"超视距"打击。

第六代"长钉"依然拥有战斗模式和发射后再瞄准两种作战模式，只是在原有的基础上进行了改进。

"长钉"-SR 操作员直接通过导弹导引头取景瞄准

采用战斗模式时,导弹在射出后可根据需要随时调整打击目标,做到"过程可控"。采用发射后再瞄准模式时,无须事先确定打击目标,导弹飞临目标上空后再寻找目标进行打击。两种作战模式进一步增强了该型导弹的作战能力。

除去"聪明"这个属性之外,"长钉"导弹本身的威力也不可小觑,它所采用的高抛物线飞行弹道使其战斗部能够以俯冲的姿势摧毁敌方坦克(和"标枪"导弹的俯冲攻顶方式相似),采用的双热弹头在摧毁装甲的效率上也比"标枪"和"短号"要更高。这种弹头的聚能装药破甲战斗部,几乎能穿透现役所有坦克的顶部装甲。

为适应复杂多变的高新技术战争需求,"长钉"系列导弹的适用性很高,可以应用于多种平台,包括陆基、空基和海基等。最新型号的"长钉"导弹可安装在飞机上,"摇身一变"作为空地导弹,也可安装在舰艇上,承担反舰的任务。尤其是专门为反步兵而设计的"长钉"迷你重量和价格仅为"长钉"LR的三分之一,射程为 1.3～1.5 千米,是一款不可多得的"反步兵导弹"。

综上所述,"长钉"反坦克导弹系统凭借其卓越的通用性,为其未来发展奠定了坚实的基础。尤为重要的是,该系统所具备的非直瞄攻击能力使其能够在复杂地形条件下实施精确打击,为前线作战部队提供高效、精准的火力支援。

得益于其先进的技术水平、优异的操作性能及广泛的战场适应性,"长钉"系统已获得多国军队的青睐,现已成为全球反坦克导弹领域销量领先的武器装备之一。

专门为打击步兵而设计的『长钉』迷你

步兵好伴侣——无后坐力炮

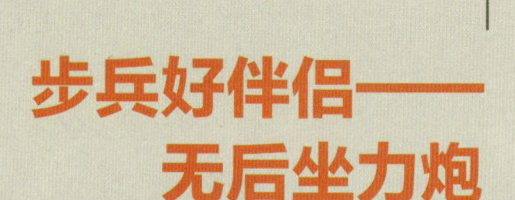

无后坐力炮是发射时炮身不后坐的火炮，主要用于反坦克作战、步兵火力支援、攻坚作战、反恐作战等领域，是现代战争中不可或缺的装备之一。在火箭筒和反坦克导弹还没有兴起之前，无后坐力炮曾在反坦克战场上立下了汗马功劳。

最早的无后坐力炮出现在第一次世界大战的1914年，美国海军中校戴维斯将两门火炮的炮尾对接在一起，一门火炮向前发射炮弹，另一门火炮向后发射涂油的炮塞和猎枪弹以基本消除后坐力。这就形成了世界上第一门真正意义上的无后坐力炮。

第二次世界大战后期，无后坐力炮的发展方向主要是减轻重量、提高威力、增加有效射程。经过这些改进后，轻型的无后坐力炮可供单兵伴随使用，一般只有20千克；而重型的无后坐力炮则可达100多千克，有的还需要车载或牵引使用。

无后坐力炮具有各种不同的分类：按炮膛结构分类，可分为线膛式和滑膛式2种；按伴随方式分类，可分为便携式、车载式、牵引式和自行式4种；按装填方式分类，可分为前装式和后装式2种；按消除后坐力的方式分类，可分为喷管型、戴维斯型和弩箭型3种。

无论采用何种分类标准，无后坐力炮所使用的弹药类型基本一致，主要配备聚能装药破甲弹和榴弹。随着火箭筒、榴弹发射器、反坦克导弹等新型武器的出现，无后坐力炮作为一种直瞄伴随火炮的地位和作用逐渐减弱，甚至有观点认为它应被彻底淘汰出战争舞台。然而在实战环境中，高效的武器始终是最佳选择，没有任何士兵会拒绝一款能够随身携带、随时随地进行火力支援的伴随火炮。或许在不久的将来，无后坐力炮将迎来复兴的契机。

别具一格——苏联 SPG-9 无后坐力炮

SPG-9 无后坐力炮，绰号"长矛"，是苏联设计制造的一种轻型后装式无配重式无后坐力炮，于 1963 年列装苏军。这样一款苏联时期就装备部队的 SPG-9 无后坐力炮结构紧凑，射程可达 4500 米，适用于步兵的中距离战斗，被很多国家称为"穷人版反坦克导弹"，在缺乏专用的反坦克武器时能有效威慑或牵制敌人。

SPG-9 无后坐力炮

有趣的是，在实战中苏联/俄罗斯士兵们喜欢亲切地称之为"靴子"。如果能够在一些战场视频中听到"把我们的靴子拿出来""用靴子打它""用靴子覆盖目标"，这里说的"靴子"不是军靴，而是SPG–9无后坐力炮。

苏联设计师给武器命名时总是具有一些迷惑性，几乎所有能发射弹药的武器都会被称为"榴弹发射器"，RPG系列火箭筒是这样的，而真正的榴弹发射器也是这样，无后坐力炮还是这样，以致很难进行"正确"归类，如反坦克火箭筒RPG–2以及其大名鼎鼎的继任者"销冠"RPG–7，全称为"反坦克榴弹"，加之其发射的弹药也被称为"榴弹"，这就令很多人误以为这两款武器属于"榴弹发射器"的范畴。

根据苏联设计师的命名直译，SPG–9无后坐力炮的全称应该是"SPG–9反坦克榴弹发射器"，因为SPG–9研发团队同样参与研发了RPG–7火箭筒，在介绍RPG–7火箭筒时提及"无后坐力原理"，致使很多人误认为SPG–9是一款"看起来像无后坐力炮的火箭筒"。

SPG–9无后坐力炮的设计制造及其使用的弹药确实也有很多RPG–7火箭筒的影子。或许武器与武器之间的界限也并没有那么的"泾渭分明"，很多时候都是人们喜欢将它们按照自己的习惯分门别类而已。

根据牛顿第三运动定律（相互作用的两个物体之间的作用力和反作用力总是大小相等，方向相反，作用在同一条直线上），力的作用是相互的，向前扔出一个物体，必然会产生一个相应的向后的力，在没有外力的作用下，力不可能凭空消失，如果增加一个反向的力，两个力的作用就可以相互抵消。无后坐力炮正是基于这种理念，为了将后坐力"消除"，在向前发射炮弹的同时向后喷射同样动能的物体，让两个力相互抵消，从而达到"无后坐力"的效果。

1914年美国海军军官克莱兰·戴维斯发明了世界上第一款真正的无后坐力炮。戴维斯最初的目的是发明一种后坐力比较低的火炮，他采取的方法并不复杂，就是将两门火炮背对背连接在一起，前面一门火炮发射炮弹，后面一门火炮装填铅块。开火时，前面的炮弹向前射击，后面的铅块则向后飞出，整个火炮射击时产生的后坐力相互抵消。由于前后两根炮管中的弹丸和配重都是由炮膛内的发射药推动，而它们的重量和初速相同，这就意味着射击时炮身不会产生后坐力，因此炮管会保持在原始位置不会移动。

最早的"配重式无后坐力炮"需要将后部炮管进行偏转才能装填炮弹。当时，无后坐力炮被安装在水上飞机上用以攻击潜艇，且产量很低，直到第一次世界大战结束也没能大规模装备部队。早期的这种配重式无后坐力炮不仅发射麻烦，操作烦琐，而且向后发射的配重容易伤到后面的战友，哪怕后来将配重改成软质材料，也只是相对来说更加安全，却依旧没有解决需要配重的问题。

为了解决这些问题，经过世界各国科学家的不断改良，1936年，苏联的德米特里·巴甫洛维奇·里亚布申斯基研制出一种75.2毫米无后坐力炮，这是世界上正式装备部队的第一款无后坐力炮，在1939年第一次投入实战应用。

里亚布申斯基研发的这款无后坐力炮属于"无配重无后坐力炮",发射原理是在装填弹药的炮膛内设计了一种向后的喷射装置。火炮本身的装填方式类似传统火炮,在射击开火时,发射药产生的气体中有相当一部分会从火炮的后方溢出,从而产生一个反向的动量,且与推动弹丸前进的动量接近,从而达到前后动量抵消的效果。这使得火炮本身几乎不产生后坐力(发射时无法确保前后动量完全一致,因此会产生一定的后坐力),这样的无后坐力炮不需要常规火炮使用的后坐缓冲装置,使火炮变得更加轻便且易于使用。

无配重无后坐力炮的发射原理并不复杂,依靠炮弹发射时发射药产生的高压燃气,一部分燃气推动炮弹向前经过炮管射出,另一部分燃气向后喷射,从而抵消火炮射击的后坐力。这个设计的精巧之处在于依靠火药燃气产生的向前和向后的两部分作用力互相抵消,在设计上节约了常规火炮中消减后坐力的装置,从而达到了火炮减重的目的。至此,步兵们可以使用无后坐力炮发射大口径的炮弹。不得不说,无配重无后坐力炮是一种革命性的发明,虽然在第一次世界大战中被忽视,却在第二次世界大战期间得到了蓬勃发展,充满生机。

20世纪50年代末,苏联恢复了无后坐力武器研究,并研发了SPG-9无后坐力炮。该武器于1963年在苏军中服役,至今仍然还在包括俄罗斯在内的十多个国家中使用,可谓经久不衰。

之前介绍 SPG-9 无后坐力炮时，提及过 SPG-9 无后坐力炮和 RPG-7 反坦克火箭筒是由同一个团队开发的。因此，尽管 SPG-9 无后坐力炮和 RPG-7 反坦克火箭筒分属于不同武器类别，在设计上依然可以看到很多的相似之处。

SPG-9 无后坐力炮的发射装置和火箭筒十分类似，都是由一根长管组成，只是无后坐力炮带有一个可开启的后膛部分，整体安装在折叠式三脚架上。后期，苏联设计师们还为空降部队开发了带轮的专用版本 SPG-9D 和 SPG-9DM 两种无后坐力炮。最后定型的 SPG-9 "长矛" 73 毫米无后坐力炮全重 47.5 千

士兵往打开的后膛中装填弹药

带轮的 SPG-9DM

克（空降部队开发的带轮版本全重 64.5 千克），总长 2110 毫米，其中炮管长 1850 毫米。

最初，SPG-9"长矛"无后坐力炮是作为一款单兵可用的反坦克装备而设计，要求能够在 800 米的距离上摧毁主战坦克的装甲。根据最初的设想，要实现这样的战果，其直射时的偏差必须控制在 0.5 米内。理论上，SPG-9 可以在 1300 米的距离上准确击中装甲车或掩体，但这需要同时具备无风条件和熟练的操作员。随着高爆弹药的不断研发，SPG-9 的射程扩展到了 4500 米。

使用 SPG-9 无后坐力炮进行射击时，LNG-9 弹药的发动机在离开炮管后仍在工作，可以将炮弹加速到 700 米/秒。由于 SPG-9 使用的炮弹的飞行速度足够高，与普通火炮炮弹的速度相当，因此 SPG-9 的命中精度还是很高的，在炮管长度为 670 毫米的情况下，对坦克的有效射程可以达到近 700 米。

MELEE WEAPON ★ 近战利器　利刃在手寒芒现

SPG-9 和待发的破甲弹

　　由于弹丸初速比火箭弹要高，SPG-9 的初始精度比同时期的火箭筒更高。由于可以携带多发弹药，在实战中 SPG-9 比单个火箭筒火力持续性更好。在 SPG-9 的操作手册中，操作员的官方编制为 4 人，但在必要时 3 人或更少的操作员即可完成射击操作。

　　在风向修正方面，SPG-9 和 RPG-7 非常相似，大风时会偏向迎风方向。作为直瞄火炮，SPG-9 无后坐力炮射击时会产生巨大的噪声，曾经有记录表明，连续射击 SPG-9 后有很多操作员出现耳鸣等不良反应。

由于发射药设计的不同，SPG-9 无后坐力炮的高爆弹药和破甲弹药不能互换使用。为了避免操作员误操作，这两种弹药的连接设计专门做了差异化处理，使得在客观上根本无法将破片弹的发射药误装到聚能弹上，反之亦然。

由于弹药的设计不同，对于瞄准装置的要求略有不同。如果使用破片弹对步兵进行高射弹道射击，则需要在 SPG-9 的身管上安装光学瞄准器。如果打击目标是装甲车辆，则可以使用机械瞄具（准星和可调节折叠式照门），甚至还可以通过炮管进行直接瞄准。

SPG-9 尾部的火箭发动机在弹丸离开炮管后才会启动（火箭筒、便携式反坦克导弹是一样的设计，可谓是天下武器一家亲）。起始装药采用的是硝酸甘油火药，直接装入布制卡纸中制成，其尾部有曳光线，可用于目测观察弹道，破甲弹可穿透厚度为 300～400

SPG-9 开火时会发出巨大的噪声和火光

毫米的均质装甲，直接射速可达 6 发 / 分钟。

由于 SPG-9 无后坐力炮发射会产生大量的噪声和烟尘，因此射击手必须迅速射击并更换位置，简单来说，就是要"打一发换一个地方"。经过统计，在实战中射击手通常只能对装甲车辆进行 1～3 次射击，若是对步兵目标进行高射弹道打击，最多也只能射击 6 次，必须更换阵地，否则就会遭到敌人的打击。

相比拥有同样火力的武器，SPG-9 无后坐力炮最大的优点在于结构更加紧凑且重量更加轻便。如果需要长距离运输，SPG-9 无后坐力炮可以拆卸成几个单独的部件，而普通的 3 人战斗小组可以在中等距离内开展战术机动。在近现代的摩托化战争中，它常被装载在摩托车或汽车上进行运输。

总的来说，SPG-9 无后坐力炮的定位介于便携式反坦克导弹和反坦克火箭筒之间，有效射程比便携式反坦克导弹要短，仅有 800～1000 米，但这个射程又远超大多数火箭筒的打击范围。如果距离适当，它几乎能够击中任何装甲车辆的侧面。

和串联战斗部的反坦克导弹和部分火箭筒相比，SPG-9 使用的弹药性质决定了其在打击具备反应装甲的坦克时，通常需要 2 次射击来摧毁目标。除了侧面打击外，在实战中也有 SPG-9 在正面击中并破坏坦克目标的案例。

若目标装甲车辆位于 SPG-9 不足 300 米的距离内，SPG-9 作为无后坐力炮的客观优势就会减弱。因为在这样的距离内，火箭筒已经可以有效发挥打击效能，有些便携式反坦克火箭筒甚至拥有反坦克导弹的

串联战斗部，可以击穿比 SPG-9 旧型号类似甚至更厚的装甲。相对来说，便携式反坦克导弹的价格虽然比 SPG-9 无后坐力炮更高一些，但也具有更远的射程和更强的正面打击坦克能力。

此外，无后坐力炮的缺点也十分明显，除了其在发射时容易暴露射手外，不管是配重式还是无配重式的无后坐力炮，炮管后方均有大量空间属于危险区域，不宜在封闭环境中使用。

俄罗斯士兵正在使用 SPG-9

SPG-9 至今仍在战场上发挥余热

综上所述，在现代战争中，SPG-9 无后坐力炮仍有一定的适用性，尤其是在 400～1000 米的距离内可以发挥其作为火炮的最大优势。这个作战距离超出了火箭筒的有效打击范围，但对于"穷人版反坦克导弹"SPG-9 则非常合适。特别是当一些国家和地区的步兵在缺乏反坦克导弹或火箭筒的情况下，老旧的 SPG-9 无后坐力炮仍能发挥一定的实战作用。

萨博的经典之作——瑞典"卡尔·古斯塔夫"无后坐力炮

"卡尔·古斯塔夫"是瑞典萨博·博福斯公司研制的便携式多用途无后坐力武器系统。该武器系统操作简单、可配置对付各种目标的弹药,作战效能较高,适用于从城市到野外的多种战场环境,因此在世界很多国家的军队中得到了广泛应用。通过实战的检验,这是一种能够有效打击土木工事和装甲车辆的单兵武器。其改进型还得到了美国陆军的认可和采购,用来弥补单兵班组内火箭筒和反坦克导弹的不足。可以说,"卡尔·古斯塔夫"是无后坐力炮系列中的"常青树",新一代无后坐力炮中的佼佼者。

"卡尔·古斯塔夫"便携式多用途无后坐力武器系统

"卡尔·古斯塔夫"无后坐力炮的历史可以追溯到20世纪40年代末，瑞典卡尔·古斯塔夫步枪厂研制的第一批无后坐力炮为M/48，许多人将其称为"卡尔·古斯塔夫"或"卡尔·G"，这个称呼一直延续至今。

第一代"卡尔·古斯塔夫"无后坐力炮于1948年装备瑞典陆军。20世纪50年代中期，瑞典国防军对其进行了一次系统升级，改进型被称为"卡尔·古斯塔夫"M2型84毫米无后坐力炮，优点是性能优良、坚固可靠、经济耐用，主要缺点是重量过大，全重超过14千克，单兵携带的弹药数量明显要受到重量的限制。

20世纪80年代后期，瑞典设计团队对"卡尔·古斯塔夫"M2型无后坐力炮进行了全面升级，重点围绕减轻武器重量以提升其战场机动性展开。同时，设计团队还对弹药系统进行了改进，进一步增强该武器的作战效能。这种改进型最终被命名为"卡尔·古斯塔夫"M3无后坐力炮，1991年开始批量生产并装备部队。2020年10月，美国陆军宣布签署一份价值8700万美元（约合人民币5.83亿元）的合同，用于采购"卡尔·古斯塔夫"M3E1。根据官方的新闻稿，这份为期7年的合同是不限数量的采购合同。

美国陆军采购的"卡尔·古斯塔夫"M3E1并非是古斯塔夫系列的全新型号，而是"卡尔·古斯塔夫"M4的美军"特制版"。M4是"卡尔·古斯塔夫"系列无后坐力炮的最新型号，其最大的特点就是重量更轻，结构更紧凑，设计更符合人体工程学，空重

"卡尔·古斯塔夫"M3E1

6.7千克,比它的"前辈"M3轻了近三分之一。同时,"卡尔·古斯塔夫"M4还安装有专用的感应线圈,与火控系统连接之后,可以装配空爆引信。相比之下,目前美军装备的AT-4反坦克火箭筒重约6.8千克,战斗状态的FGM-148"标枪"反坦克导弹重约22.7千克。对于步兵来说,空重6.7千克的"卡尔·古斯塔夫"M4明显更便于携带。

由于"卡尔·古斯塔夫"系列无后坐力炮最初是作为反坦克武器研制的,因此首先研发的是空心装药破甲弹,配有标准的高爆榴弹、白磷烟雾弹和照明弹。之后的改进计划中,根据战场环境的需要,还专门为其研制了混凝土破坏弹,用于击穿混凝土墙和其他硬化结构。"卡尔·古斯塔夫"系列无后坐力炮的弹药类型是极为全面的，其中：近距离霰弹，配备1100枚小型飞镖，用以密集杀伤敌方人员；专用的温压弹，以超高压和冲击波杀伤封闭空间的目标，如洞穴中的敌人；有些弹药配备可编程引信，使某些特定类型弹药在敌人头顶爆炸，用弹片对其造成致命杀伤，或弹丸穿透墙壁、障碍物之后再引爆。

"卡尔·古斯塔夫"M3及配套弹药

"卡尔·古斯塔夫"系列无后坐力炮到现在还能接到大量的订单，如此长盛不衰的原因有很多，其中最主要的原因就是武器装备的耐久性、可靠性和多用途性。尽管设计团队最初研制这种便携式武器的目的是反坦克，但很快发现它可以对付土木工事、建筑

1964年开始装备的『卡尔·古斯塔夫』M2

物,采用高爆榴弹对打击轻型车辆和杀伤士兵也是非常有效的。

第二次世界大战期间的德国"坦克杀手"与美国"巴祖卡"M1两种肩扛式火箭筒的出现,在一定程度上启发了"卡尔·古斯塔夫"的设计师,并在两种火箭筒的基础上进行了改良,虽然仍旧采用了无后坐力炮设计,但也意味着它可以发射相对较重的弹丸,且弹丸的飞行速度比火箭弹要快得多。它重量较轻,可以单兵操作,甚至射手还能够以立姿进行射击。

美军"超级巴祖卡"M20火箭筒的火箭弹最高速度为104米/秒,而"卡尔·古斯塔夫"M2无后坐力炮的炮弹初速可达244米/秒,甚至可以更快。这种性能和威力的提升是以重量作为代价的。"超级巴祖卡"M20的空重只有6.8千克,"卡尔·古斯塔夫"M2的空重15.5千克就显得有些"粗糙"了。

经过数十年的努力，瑞典设计师一直在努力减轻无后坐力炮的重量。为了达到减轻重量的目的，"卡尔·古斯塔夫"M3的大部分零部件均采用轻质材料，筒身重8.5千克，比M2已经大大减小。发射筒由带膛线的钢质内衬和缠绕在内衬上的碳素纤维制成，后喷筒为玻璃钢制品，前握把、击发机、瞄准具、肩托和两脚架等外露部件全部采用铝合金或耐冲击的塑料制品。采用大量"新技术"的"卡尔·古斯塔夫"M3全重大约10千克，可见以当时的材料技术和制造工艺，在保证性能不缩水的前提下，只能减重到这个程度。

"卡尔·古斯塔夫"系列无后坐力炮的基本结构非常相似，其发射筒由燃烧室和导向管2个部分组成，发射筒上方安装有一个便携提把。瞄准装置改进较多，改进后的机械瞄具瞄准距离为50～900米，同时在准星和调焦旋钮上涂有荧光物质，解决了光线昏暗及夜间情况下使用机械瞄准具的问题。为便于夜间作战，改进型号还配有红外夜视仪。此外，为进一步提高射击精度，还可选择加装激光测距仪和提前量测定器。

"卡尔·古斯塔夫"系列无后坐力炮主要发射定装榴弹，榴弹由弹丸和铝制药筒组成，发射药采用固体双基推进剂。用于点燃火药的火帽安装在药筒底部外侧，药筒凸缘上采用特殊的斜面设计，只有榴弹与发射筒上的相应部位处于唯一的正对状态时才能装入筒内，确保扣动击发装置时能够击中火帽。

"卡尔·古斯塔夫"M3配备的弹药类型丰富，不

正在使用"卡尔·古斯塔夫"M4 的美军士兵

仅拓宽了可担负的作战任务范围，而且使该型武器由最初的单一反坦克武器转变为多用途武器系统。"卡尔·古斯塔夫"无后坐力炮可发射的弹药类型包括反坦克榴弹、高爆榴弹、多用途破甲弹、榴霰弹、烟雾弹、照明弹、教练弹等。

"卡尔·古斯塔夫"无后坐力炮采用的破甲弹均采用聚能装药战斗部，用于毁伤披挂反应装甲的目标，以及钢筋混凝土工事或建筑物墙壁。战斗部配用压电引信，既可保证大着角碰击目标时起爆战斗部，也可确保弹丸可靠地穿过低矮灌木丛而不被引爆。配备的多用途聚能装药爆破弹是专门为快速反应部队击毁不同类型的战斗目标而研制的，既可用于毁伤轻型装甲目标，也可以用于破坏钢筋混凝土或砖墙、地下

M4炮弹膛内设置有螺旋膛线，可以形成弹丸发射自旋

掩体及野战防御工事，并消灭有生力量。该弹药适用于无法远距离直瞄射击的城市作战建筑楼宇，使用的双功能引信可满足不同作战需求设置，引信可设置为"触发""触发延时"。作为高爆破甲弹使用时，该弹药也可以产生很好的破甲后效。

"卡尔·古斯塔夫"无后坐力炮配备的高爆弹用于打击复杂地形和非装甲运输工具内的敌方有生力量，其最大特点是"空炸"，其战斗部采用的是内置塑料衬套的钢制外壳，衬套内装有800枚钢珠，弹丸在起爆时钢珠在目标区飞散，提高了毁伤效能。榴霰弹适用于在城市或丛林环境中使用，可近距离杀伤无防护的敌方士兵。照明弹主要用于夜间作战时为作战分队提供不间断的照明，方便陆战部队遂行夜间的作战任务。

在火控方面，"卡尔·古斯塔夫"M4采用FCS13RE火控系统，这种火控系统就是专门为美国军方服役的M3E1（在M4的基础上进行改进）无后坐力炮配备的。这款火控系统采用了无倍率动态通用反射式瞄准镜，并在其上集成了激光测距仪和弹道计算芯片，可以实时综合目标距离、弹药类型、地形角

FCS13RE 火控系统正面

FCS13RE 火控系统背面

度、环境条件等因素，通过计算芯片为射手提供一个经过校正的瞄准点，相当于为射手提供了一个智能的"副射手"。如果有需要，火控系统还留有通用接口可以串联倍率镜、热成像仪等设备进行部分功能的强化，并与所有类别的军用夜视仪兼容。

有了这样一款先进且智能的火控系统帮助，"卡尔·古斯塔夫"无后坐力炮不管是白天还是黑夜，对固定目标和移动目标都能够拥有很高的首发命中率。

正是因为"卡尔·古斯塔夫"无后坐力炮的射击精度及配备的多种类型弹药可以完美解决步兵面临的大多数问题，它才会被美国陆军作为一次性反坦克火箭筒和反坦克导弹的有力"补充"。

当然，"卡尔·古斯塔夫"也存在无后坐力炮普遍都存在的问题，具体如下。

（1）该炮是典型的弹、筒分离式近战武器，发射筒可重复使用，弹药具有可更换性，因此能满足多种战术需要。重复使用对于发射筒的强度要求较高，为了保证这个强度，发射筒的重量也会随之相应增加，使得该炮的使用灵活性和便携性不如一次性反坦克火箭。

（2）该炮采用的无后坐力炮发射原理会造成很大的声、光、焰等特有的发射特

瑞典士兵手中的"卡尔·古斯塔夫"M3

发射时会造成很大的声、光、焰等发射特征

征，在战场感知极度智能化的当下，很容易被敌方发现并进行反击，这种特性导致该炮不能在有限的空间发射。与同时期的反坦克火箭筒相比，该炮装弹并不方便，且不能使用超口径榴弹，弹药的威力、杀伤效果受到了一定的限制。

（3）"卡尔·古斯塔夫"无后坐力炮采用定装弹药，重量及尺寸极大限制了单个作战小组所能携带的弹药基数。

尽管存在诸多问题和局限，但这些问题并未削弱"卡尔·古斯塔夫"无后坐力炮的显著优势。面对这些问题，持续的改进与优化是可行的。特别是"卡尔·古斯塔夫"无后坐力炮有效地弥补了步兵携带的火箭筒与反坦克导弹之间的战术空白。相较于反坦克导弹的高成本，其弹药的经济性在战场上显得尤为突出。在未来的战场环境中，"卡尔·古斯塔夫"无后坐力炮有望继续展现其卓越的作战效能，创造新的战术成果。

碉堡终结者——火焰喷射器

火焰喷射器，又称喷火器，也称喷火枪，是一种用来喷射长距离可控火焰的近战武器。火焰喷射器可以对战壕、碉堡、掩体，甚至坑道和山洞中的拐角进行大面积的火焰覆盖，有效杀伤其中的人员及装备，是打击密闭空间目标的强力武器。火焰喷射器在第一次世界大战的堑壕战中首次亮相，取得了不俗的战绩，引发世界各国的争相仿制和改进，并在第二次世界大战期间达到了使用巅峰。

传统的火焰喷射器主要由背包和火焰枪组成。背包内一般有3个圆筒，其中一个圆筒内含高压的惰性推进气体（如氮气），另外两个圆筒则装有易燃液体

（汽油和某些增稠剂的混合物）。在一个三筒式的火焰喷射器中，装有易燃液体的圆筒分置两边，而装有推进气体的圆筒位于中间，在方便携行的同时也避免了被子弹击中。

火焰喷射器喷出的燃烧油料形成猛烈的火焰射流，能够在战场上四处飞溅，并沿着堑壕、坑道拐弯处黏附燃烧，从而大量杀伤隐蔽处的目标。其火焰燃烧时需要消耗大量的氧气并产生大量有毒烟气，可以使工事内的人员窒息。在攻击坑道、洞穴等坚固工事时，火焰喷射器具有其他直射武器所没有的独特作用。

在未来战场环境中，火焰喷射器作为重要的战术武器，将在步兵与装甲部队协同作战体系中发挥关键作用。其技术发展将呈现火焰弹式与液柱式两种形态并行演进的趋势。此外，通过优化热力学性能以降低无效热损耗，将成为火焰喷射器未来研究的重点方向和发展路径。

失传的神秘武器——希腊之火

根据历史资料记载,很多人认为现代火焰喷射器真正的"先祖"是出现在拜占庭帝国的"希腊之火"。

"希腊之火"是一种充满谜团又威力巨大的纵火剂,具体的发明时间已经无法考证,应用于实战的记载是公元672至713年。"希腊之火"的配方已经彻底失传,后世有很多科学家试图根据记载中的蛛丝马迹再现"希腊之火",可惜都没能成功,而这种"传

拜占庭军舰上的"希腊之火"发射器

奇武器"失传的原因竟然是保密工作做得太好。

在当时那个时代，由于"希腊之火"的配方属于拜占庭帝国的最高机密，被禁止一切文字记载，因此只间接地出现在《战术学》等拜占庭军事手册和部分历史资料中。西方的编年史对它虽多有提及，但内容前后矛盾，根本无法作为考证的依据。

拜占庭公主安娜·科穆宁娜在《阿莱克修斯传》的记载则相对可信，她在介绍拜占庭人与都拉斯和诺曼人作战时简略地提到："希腊之火"制作的原料包括松脂和硫黄，被放置在虹吸管中，士兵可用其攻击敌人面部。

希腊人马克在14世纪的《火攻书》中谈到"希腊之火"的制作方法是：取活性硫、酒石、沥青、煮过的食盐、石油及普通的油，将它们共煮之，再浸沉之，提起并放在火上。

综合同时代的各种记载，可以认定"希腊之火"具有以下特性：①它可在水上燃烧，甚至遇水自燃。它无法用水浇灭，只能用沙、醋或尿液扑灭。②它是液体，而非固态的发射物。③它主要通过虹吸管喷射（有时也用陶罐抛射）。④发射时，会发出巨响和浓烟，浓烟有毒性，可令人失明。

1939年，德国学者豪森施坦根据史料中对"希腊之火"配方的零星记载，还原制造了"希腊之火"，取得了一定成功，唯独在遇水自燃起火这个特性上遇到了困难。直到今天，即使依赖现代的科学技术，也无人能准确还原出史书记载的"希腊之火"，成为千古悬疑（也有科学家认为，历史记载的"希腊之火"

或许也有夸张的成分,也很可能带有诗人般浪漫的想象力,而并非事实)。

对于"希腊之火"的基本成分,科学家们基本没有争议,即原油或经过凝炼加工的凝固油剂。在拜占庭统治下的黑海沿岸及中东,石油并非罕有之物。早在6世纪,希腊人便明确记载了石脑油的存在。此外,树脂及动物脂肪被添加进来用作增稠剂以改善火焰的强度和持续时间,这个技术在当时已经非常成熟。

● 装有"希腊之火"的陶罐和铁蒺藜

拜占庭帝国利奥六世皇帝在《战术学》中谈到了"希腊之火"的3种用法：近距离用手抛希腊火罐；远距离用投石机发射；通过虹吸管将火焰喷射至敌人身上。

这种"通过虹吸管将火焰喷射至敌人身上"的作战方式被科学家们认为是现代"火焰喷射器"的鼻祖。拜占庭人发明的这种喷火装置，是将"希腊之火"装填入包有黄铜的木管中，利用虹吸及水泵原理，把燃烧中的"希腊之火"射到一定的距离。

这种记载中的"希腊之火"的发射装置大致包含希腊火罐、手动气泵、导管、管口引火机关等。导管由士兵手动控制，可以根据情况调整高度和角度，而手动气泵是喷射"希腊之火"的动力源，在喷射之前对"希腊之火"进行加热和增压，阀门打开后便会汹涌而出。喷射器管口的引火机关，会随时引燃经过的液体，最终喷出火焰。这种设计已经和现代的火焰喷射器的基本原理大致相同。

由于"希腊之火"威力巨大并具有重要的战略作用，拜占庭帝国采取了极其严格的保密措施，这也导致了其配方的最终失传。尽管"希腊之火"的液体成分大致是由多种原料按一定比例混合而成的，但整个"希腊之火"武器系统绝不仅仅是一种"化学药剂"，还包括与之配套的虹吸管喷火装置及专门设计的火攻船等，合在一起才是真正的"希腊之火"。

拜占庭人保密制度的高明之处在于采取了某种风险管理机制，即使是第一线的技师与喷火兵，也只能掌握与之工作相关的小部分秘密。"希腊之火"的技师虽然知道配方，但并不知道火焰喷射器的构造和使用方法；而喷火兵虽然精通"希腊之火"的运用，却对其成分一无所知。如此一来，即使有个别拜占庭士兵被俘，或某个皇室家族成员叛变，也不会泄露整个"希腊之火"的机密。

在实际交战中，"希腊之火"有时也会落入敌人手中。例如，保加尔人在812年、814年攻占了拜占

希腊之火

古代绘画中的『希腊之火』

庭帝国的内塞伯尔与布尔加斯，并夺取了整整 36 具喷火装置，但却因为"保密"的原因根本无法使用，最终也没能得到"希腊之火"的制作方法，只能放弃这些珍贵的战利品。从这个角度看，保密工作确实有助于己方战斗力的保持。

虽然"希腊之火"确实是一种强力的武器，但不应过分夸大它的作用，它也并没有让拜占庭海军变得天下无敌。与后世的火炮相比，虹吸管喷射火焰的射程相当有限，对天气、风力风向也要求颇高。同时，这种武器更适合防守而非进攻，在狭窄的海峡使用效果远好于宽阔的海面。

"希腊之火"的辉煌一直延续至 1453 年。在这一年，拜占庭帝国被奥斯曼帝国灭亡，"希腊之火"的配方与制作工艺也被拜占庭帝国的末代皇帝带入了坟墓，成为永远无法解开的历史谜团。尽管留下了诸多未解之谜，但是"希腊之火"仍被视为秘密战争史上最具传奇色彩的武器之一。

嗜血的"甜甜圈"——
德国"韦克斯"火焰喷射器

"希腊之火"虽然泯灭在了历史的长河之中,但是人们对于用"火焰"进行战斗的理念却流传了下来。尤其是"希腊之火"对于"火攻"的实际应用原理,跨越了千年的时光仍然没有熄灭,最后终于又在新的地方开出了不一样的花朵,那就是德国"韦克斯"火焰喷射器。

德国"韦克斯"火焰喷射器

第一次世界大战中出现了不少新式武器,如冲锋枪、毒气弹、坦克等。火焰喷射器真正登上战场,是在第一次世界大战期间。其中,"韦克斯拉普拉特"(简称"韦克斯")便携式火焰喷射器因其独有的燃料罐形状引起了人们的注意。

现代意义上的第一款火焰喷射器是由德国人菲德

全套的"韦克斯"火焰喷射器

勒于1901年发明的。菲德勒发明的这一款现代火焰喷射器并非是用于实战的，他原本是想设计一种消防演习用的器材，最终的成品由油瓶、压缩装置、输油管、点火装置和喷火枪组成。德国军方认为该发明具有一定的"实战价值"，由此展开了一系列的研究和改装。

1912年，德军挑选了48名现役消防员组成手提式火焰喷射器的第一支火焰兵分队，成为世界最早装备火焰喷射器的军队。后来，德国对手提式火焰喷射器进行了不断的改进，出现了被称为"嗜血的甜甜圈"的"韦克斯"火焰喷射器，它除了性能优秀之外，还因独特的"甜甜圈"造型而被人们所熟知。

在堑壕战斗中使用火焰喷射器是第一次世界大战期间德国陆军的一项创新举措，德军不仅率先应用了这种作战方式，在整个战争期间也一直是这种作战方式的主要实践者。

1915年2月26日，这是有记录以来火焰喷射器第一次在实战中亮相，法国军队在凡尔登地区遭到了德国军队的"火焰打击"，损失惨重。同年7月30日，英国军队在弗兰德地区霍格的战壕中也尝到了"烈焰焚身"的滋味，在两天的战斗中，英国军队35名军官及715名士兵阵亡。至此，火焰喷射器名声大噪。吃了大亏的法国和英国军队争相开始仿制，而尝到了甜头的德国军队则加快了新型火焰喷射器的研发和改良。1917年，"韦克斯"M1917火焰喷射器开始装备德军，用以取代德军早期装备的M1915小型火焰喷射器。

1915年5月研发的M1915小型火焰喷射器是德国第一种采用燃料罐与压缩气体罐分离设计的单兵火焰喷射器。它在重量没超过同期型号的前提下拥有多出3升的燃料容量和多出5米的喷射距离，成为第一次世界大战前期德军最成功的单兵火焰喷射器。

M1915单兵火焰喷射器虽然比之前的小型火焰喷射器要厉害，但其缺点也十分明显，其中最大的问题就是本身高达30千克的战斗全重，虽然这个重量尚且还在人体所能承受的范围之内，但能承受也不代表不笨重。这种重量的武器装备使得喷火兵在复杂地形的战斗中很容易疲劳从而导致战斗力下滑，也不利于快速机动或躲避敌军火力。为此，旨在"减重"的小型火焰喷射器的研发被提上了日程，最终形成的就是简称"韦克斯"的M1917单兵火焰喷射器。

"韦克斯"M1917火焰喷射器的最大设计亮点在于其燃料罐。设计师为了大幅降低重量，放弃了此前几种型号采用的圆筒形燃料罐，转而使用钢材制作了一个直径0.45米的环形燃料罐。

这种燃料罐中央是一个半圆形压缩氮气罐，依靠背部左下侧的气体输送管向燃料罐输送气压推进力。氮气罐靠近操作手后背部分右侧有一个气压表，上面可以实时显示当前的氮气压力，令操作手能够依靠与气体输送管相连的释放阀进行氮气的释放及控制，从而控制火焰输出的力度。

燃料罐中央上方安装有注油口，内侧安装背具，下方还有一对钢制脚架，可以让火焰喷射器在操作手休整时可以平稳地放在地面上。

"韦克斯"M1917特制的燃料罐右侧安装有一根钢制的固定式出油管，末端带有一个转柄式出油控制阀，操作手可以在紧急时刻控制燃料的释放或停止。出油管端口可以连接一根橡胶制成的燃料导管，导管

酷似甜甜圈的钢制火罐

与 1.2 米长的钢制喷枪连接，是整具火焰喷射器的火焰输出装置。

这样的一整套"韦克斯"火焰喷射器听起来好像有点复杂，但操作起来却并不麻烦，操作手只需转动喷枪节流阀，燃料便会在氮气压力的作用下涌过出油管，顺着橡胶管喷出喷枪口，并在带有护套的 1917 型点火器的作用下成为喷射火焰的"死亡射流"。

"韦克斯"火焰喷射器的点火器的工作原理与之前型号是一致的。操作手转动节流阀门后，燃料就会涌向喷嘴并撞击点火器引信内部的凝胶，推动撞针撞击引爆火帽，进而点燃点火器内部的可燃物质，同时失效的火帽和撞针会被弹出点火器。可燃物质的持续燃烧时间为 2 分钟，在此期间它可以点燃喷出的燃料，时间结束后就会失效。

作战前，德军士兵通过燃料罐上方的注油口填充混合燃料，这种混合燃料是加入了一定比例易燃汽油的石油混合物。这个配方也是整个第一次世界大战期间，德军火焰喷射器在纵火时会附带大量黑烟的主要原因，这些黑烟相对来说也可以给德军士兵带来一定的掩护。

"韦克斯"M1917 火焰喷射器由于燃料罐尺寸大大降低，燃料容量也缩水不少，只能达到 11 升，最大持续喷射时间也只有 10 秒。而此前的 M1915 小型火焰喷射器燃料容量可达 18.9 升，最大持续喷射时间为 20 秒。

重量的减轻是实实在在的，"韦克斯"M1917 火焰喷射器即使加满燃料和氮气，其战斗全重也只有 15

千克，这个重量甚至不及德军步兵的正常负重。区区 15 千克的重量哪怕是一个体格普通的基层士兵都能够背负，更别说是那些精心选拔的强壮士兵和暴风突击队员了。

此外，"韦克斯" M1917 的氮气罐看起来偏小，但仍可以提供 10 个大气压强的喷射压力，使射程达

英国 MK2 火焰喷射器

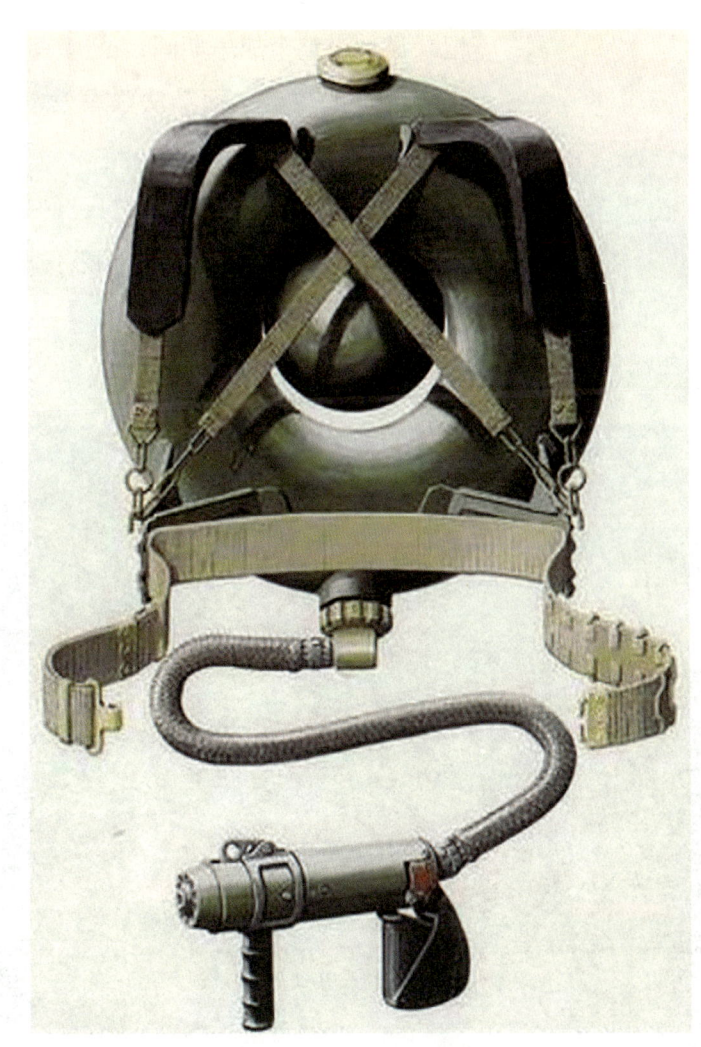

到 24 米，相当于能覆盖一个走廊。正是因为"韦克斯"M1917 火焰喷射器威力巨大，由于其火罐酷似一个大号的甜甜圈，也经常被人称为"嗜血的甜甜圈"。

实践是检验武器性能的最好标准。1917 年 4 月 9 日，德国军队出动 64 具"韦克斯"M1917 火焰喷射器袭击了俄军守卫的托波尔桥头堡。这场战斗取得了惊人的胜利，德军在 4 千米宽的前线一口气突破了 3 千米，俘虏俄军超过 1 万人。第一次世界大战期间的记录显示，整个战争期间，德国军队发动了 650 次火焰喷射器的攻势，而英法联军发动同样攻势的数量是零。

正是因为"韦克斯"用自己的超强实力在业内打出了赫赫威名，世界各国争相效仿和研发。尤其是遭

英国 Mk2 火焰喷射器最远射程 45 米

到了重创的英国军队第二次世界大战期间专门为英军步兵设计了 Mk2 便携式火焰喷射器，明显受到"韦克斯"火焰喷射器的影响。英国设计师们直接依样画葫芦，完全山寨了"韦克斯"火焰喷射器那个"甜甜圈状"的燃料罐设计。Mk2 火焰喷射器也因此获得了一个绰号"救生圈"，也被前线士兵称为"应答包"。

在整个第一次世界大战期间，"韦克斯"火焰喷射器持续服役，直至第二次世界大战中期才逐渐被其改进型号所取代。作为第一次世界大战中最为成功的火焰喷射器之一，"韦克斯"无疑奠定了其传奇地位，并被永久铭记在军事史册之中。

日军的噩梦——美国 M2 火焰喷射器

M2 火焰喷射器是美国在第二次世界大战期间研发并投入使用的一款轻型火焰喷射器，专为摧毁敌方掩体、壕沟和防御阵地而设计。第二次世界大战初期，美国火焰喷射器技术远远落后于其他各国，这样一款武器并未引起美国军方足够的重视。在太平洋战区作战的美国军队穿越所罗门群岛之后，复杂多变的岛屿地形令美国陆军要突破日本人的防御变得更加困难。在重型武器弹药严重不足，火力只有美军的十分之一乃至于百分之一的情况下，驻守在各个太平洋岛屿上的日本守军为了不被美军的炮火彻底消灭，几乎全体缩进土木工事甚至是开挖的岩洞里面负隅顽抗。

如何对付龟缩在岩洞中的日本军队，对当时的美军来说是个全新的课题，更是一个相当困难且危险的任务。由于有复杂多变且弯曲潮湿的岩洞保护，美军对日军的火力优势被大打折扣。战场记录显示，1943 年初美军登陆部队使用的"斯图尔特"M3 轻型坦克的 37 毫米小炮，对日军驻守的岩洞和各种水泥碉堡基本无效，曾经有人看到"斯图尔特"轻型坦

M2 火焰喷射器

克用主炮对着日军碉堡的射击口猛轰而并没有产生什么效果。

至此，火焰喷射器这种"堑壕战"的"夺命急先锋"才进入到美国陆军的视线之中。经研究，若是应对太平洋战场那些岛屿、丛林、洞穴的地形，火焰喷射器能发挥其他武器所没有的独特作用。因此，美军仓促研制了一种 E1 试验型火焰喷射器，稍加改进后命名为 M1 火焰喷射器，并于 1942 年投入南太平洋战场使用。

M1 火焰喷射器为压缩气体动力，背负的钢瓶有 3 个，其中：并列的 2 个大钢瓶为油瓶，内装汽油；2 个油瓶之间较细的钢瓶，内装喷射用的压缩气体。气瓶和油瓶之间由阀门管道连接。

M1 火焰喷射器使用普通汽油。普通汽油喷出枪口后容易飞散成小液滴，喷射距离太近，甚至还不到 20 米。加之普通汽油流淌性好，无法黏附在目标垂直的外表面部分燃烧。因此，美军着手对 M1 进行改进，并研制出了 M1A1 火焰喷射器。这次改进，主要是调整了燃烧剂的配方，并使用稠化的凝固汽油。

M1A1 火焰喷射器并列的 2 个大钢瓶是油瓶，中间一个娇小的是压缩气瓶，喷枪上还有一个作为点火火源的小氢气瓶。相对于普通的汽油，凝固汽油喷出后不易飞散，不仅具有投射距离远、燃烧集中、黏附性强等优点，而且能黏附在目标垂直面进行燃烧，因此射程更远、威力更大。M1A1 火焰喷射器的射程能达到 M1 的 2 倍以上，超过了 40 米。

无论是早期的 M1 火焰喷射器，还是改进型的

M1A1 火焰喷射器

M1A1，它们最突出缺点是在点火方式上，它们采用的电池打火方式比较落后，一方面电池在太平洋岛屿那种高温、高盐、高湿的环境里很容易损坏，另一方面使用氢气瓶作为持续火源，不仅安全性能差，还容易暴露，进而遭到日军狙击手的"定点清除"。改进后的 M1A1 火焰喷射器由于点火不可靠、加压燃料箱不稳定、燃烧混合物不佳等问题，导致其发射出的火焰柱没喷出几米就开始下垂，甚至被前线的士兵们讥笑为"撒尿枪"。

很快，新的"大杀器"就到来了。1943 年夏，一直苦于难以对付日军碉堡和岩洞的美军终于得到了一款扫荡利器——M2 单兵火焰喷射器。除了在外形和点火模式进行了大量的改造，M2 最重要的改进是使用了进一步改进的凝固汽油作为主要燃料。

这种凝固汽油是一种高效的"加稠燃料"，使用铝皂化合物，其燃烧温度高达 2190 ℉。当汽油点燃时，它会爆炸形成一个巨大的火球。这种凝固汽油从火焰喷射器中射出，会形成一道紧密的、颜色深暗的喷射流。凝固汽油的燃烧时间比普通汽油要长得多，遇到阻碍也更容易分散，还能"黏附"在大多数目标上继续燃烧。

M2 火焰喷射器

M2 火焰喷射器不仅有新式凝固汽油的加持，本身的设计也相当精心。虽然它依然还是老式的设计，采用背负式钢瓶组和压缩气体动力，但喷枪的形制却进行了极大的调整，开创性地设计了前后 2 个握把，可以双手握持使用。前握把有点火扳机，后握把有一个大型压柄（阀门），使用时更加简单方便，只需要

美军士兵正在使用 M2 火焰喷射器

　　射手后手按压压柄，前手扣动扳机，凝固汽油便会从喷枪口喷出并被点燃，形成一道"死神之火"扑向目标。

　　M2 火焰喷射器的喷枪阀门设计得非常科学，虽然阀门压柄在后方，但阀门在喷枪前方开闭，这样做的好处就是只要松开阀门，喷枪口就会自然封闭，将凝固汽油密封在发射管内，从而避免阀门在后方关闭时喷枪内的残油依然能流淌滴出，进而被枪口的点火管点燃，伤到射手本人。

　　M2 火焰喷射器的枪口点火装置比 M1 和 M1A1 有了重大改进，参考借鉴了日军 100 式火焰喷射器的点火方式，在 M2 的喷枪口部设置了一个点火管，内装 5 枚火药发火弹，每扣动一次扳机就可以点燃一个发火弹，发火弹会像焰火一样喷射出火花来点燃凝固汽油。平均每个发火弹燃烧时间在 10 秒左右，在这 10 秒时间里，射手可以灵活做出选择，既可以多次短促喷射，也可以一次长喷射来喷完所有燃料。一枚发火弹烧完，再扣一次扳机又能点燃下一枚发火弹，直到 5 枚发火弹全部用完。

出于人机工程的考虑，为了减轻喷火兵的体力消耗，M2 火焰喷射器在凝固汽油钢瓶的底下加装了一个钢制小托架，这样喷火兵可以随时随地坐下休息，士兵背后的汽油罐也依靠这个托架把自身的重量从喷火兵肩头卸掉。

太平洋战场上美军喷火兵手持 M2 火焰喷射器

这些精心的设计使得改进后的 M2 火焰喷射器在威力和性能上有了极大的提升，这种火焰喷射器每秒钟可以喷出 1.8 升凝固汽油，有效射程为 20 米，最大射程达到了 40 米。整个火焰喷射器空重 19.5 千克，装满凝固汽油和压缩气体时总重 30.8 千克，对于一名强壮的士兵来说几乎是毫无压力的。

M2 火焰喷射器一经出现，很快就取代了 M1 和 M1A1 的地位，一跃成为第二次世界大战末期美国陆军的主力火焰喷射器，尤其在太平洋战场上大放异彩，成为真正的"岛屿扫荡者"。

在配备了 M2 火焰喷射器之后，美军步兵消灭太平洋岛屿中那些顽抗日军时，采取的战术发生了根本的变化。首先用机枪或者其他火力猛烈射击碉堡和岩洞中的日军进行火力压制，然后脱掉装具的步兵迅速前出，将手榴弹扔进这些工事或者岩洞的洞口，最后喷火兵直接跟进，在距离目标 10 米左右的距离以蹲踞姿势喷射高温火柱。整个过程如行云流水一般配合紧密，通常只需要持续几秒钟的时间，就可以将碉堡岩洞内的日本军队清理干净。到了后期，美国士兵还采用了火焰喷射器的燃烧特性，将日军地下要塞的氧气直接燃烧殆尽，用于窒息在地堡顽抗的日军。

很快，M2 型火焰喷射器的可怕威力就得到了具象化的体现，面对美军时，太平洋战场上首次出现了据垒固守的日军投降的情况，而那些拒不投降的日军一般都无法从盟军强大的火焰攻势中逃脱。在后期的塞班岛、关岛、菲律宾、硫磺岛和冲绳的战斗中，美

MELEE WEAPON ★ 碉堡终结者——火焰喷射器

美军使用 M2 火焰喷射器杀伤掩体内的日军

军在火力掩护下让喷火兵大摇大摆地在日军机枪射程外整理装备，极大震慑了这些强硬的法西斯分子。

到了第二次世界大战后期，美国陆军还制造了专门的喷火坦克，根据作战记录显示，岛屿的地形通常会阻止坦克进入有效的开火位置。坦克上面安装的重型火焰喷射器的射程也远低于预期。最终，攻击碉堡洞穴和其他工事复合体的任务还是落到了海军陆战队的突击小组和个人喷火兵身上。正是因为有 M2 火焰喷射器那些"恐怖"的战绩，美军的喷火兵成为日本狙击手和机枪队的重点打击目标。

为了在攻击过程中保护火焰喷射器及其射手，1945 年初，美国海军陆战队创建了一套新的打法，利用火力压制、火焰喷射和爆破等突击小组来中和日本防御工事的火力，一旦日军被火焰击中并开始燃烧，爆破小组就会摧毁掩体或用炸药封堵洞穴。到了冲绳战役时，这种战术有了一个好听又形象的名字——"螺旋钻和喷灯"。

总而言之，正是因为有了这些"辉煌战绩"，M2火焰喷射器在战争的最后一年悄然成为美国军械库中最重要的武器之一。火焰喷射器与其他直射武器相比，在对付洞穴、战壕、碉堡等坚固工事时具有不可比拟的独特优势。当然，火焰喷射器也有自身固有的缺点，如射程短、射击频率低、燃料容量小、战斗持续时间短。

作为一种近距离火攻武器，M2火焰喷射器的恐怖之处不仅在于其喷出的火焰能形成火柱沿着战壕、坑道黏附燃烧，让敌人藏无可藏，对有生力量进行毁灭性打击，而且还在于可以用巨大的杀伤力和毁伤对手后达成的惨痛结果，给对面的敌人造成极大的心理恐慌。

《风语者》是一部反映太平洋岛屿战争的电影，基本还原了火焰喷射器在战场上的应用。这部电影有一个画面，背负火焰喷射器的喷火兵被击中了燃料罐，瞬间起火燃烧并爆炸，将喷火兵活活烧死。那么，看过这部电影的人可能会有一个疑问：如果火焰喷射器的燃料罐被敌人的子弹击中，那么燃料罐会不会发生爆炸呢？答案是有可能爆炸，但是非常困难，主要有以下3个方面的原因。

（1）火焰喷射器在设计上尽量规避了这种可能，其燃料罐是圆柱体，材质为精钢，钢壁厚度通常在5毫米以上且还有其他夹层。一般情况下，以第二次世界大战时普通步枪的 7.62 毫米普通子弹（非钢芯）击穿 5 毫米的钢板还是较为困难的。最常见的情况是子弹打在钢瓶上面偏离轨道，打成擦边弹。第二次世界大战美军的很多火焰喷射器罐体上面的子弹擦痕都非常多。

（2）如果钢瓶不幸被击穿，最大的可能是燃料剂往外泄漏，除非遇到明火，否则单纯的外泄不会发生爆燃。就算子弹与钢体碰撞产生瞬时火花，点燃的概率也很小，通常罐内燃烧剂会因为高压喷出罐外，因为外界压力比罐内压力要小，空气不能进入罐体内部，哪怕起火燃烧也在罐体外，很难引入罐内并诱发爆炸。

（3）根据战场表现，通常喷火兵遇到的最严重情况是空气压缩的气瓶封口处被打爆，此时压缩气体瞬时外泄，强大的外泄推力使士兵前倾摔倒在地上，但直接中弹起火的情况鲜有发生。

那么，真的不存在被打爆的情况吗？答案是：还是有可能的。如果火焰喷射器被曳光弹或者燃烧弹击穿，那么确实会发生被点燃的情况。被打漏的钢瓶外泄的液体，如果喷射到战场上其他明火上，也会发生燃烧。

根据美军的战争统计数据表明，喷火兵阵亡的主要原因多为士兵直接中弹身亡，而非燃料罐体爆炸所致。特别是在太平洋战区作战期间，当固守阵地的日军发现美军喷火兵接近时，绝大多数日军会选择手持手榴弹冲出阵地，试图与喷火兵同归于尽。这一现象源于日军士兵对活活烧死的极度恐惧，宁愿选择战死也不愿面对此种结局。从这一角度来看，M2 型火焰喷射器被誉为"第二次世界大战日军的噩梦"，可谓实至名归。

丛林毁灭者——美国 M202 燃烧火箭发射器

M202 火箭发射器与弹药箱

M202 燃烧火箭发射器是一款 4 联装、肩扛射击、可重复装填、采用火箭原理的燃烧弹药投射武器，1972 年开始研制，初始试验型号为 XM191，在越南战争末期试验性投入战场进行实战测试，定型后命名为 M202，改进型命名为 M202A1，并于 1975 年装备美国陆军和海军陆战队。

20 世纪 50 年代末，火焰喷射器较之以前发生了较大变化。随着科技的发展，一些国家开发出了完全超越传统结构的新型火焰喷射器，其中最显著的代表就是美国的 M202"燃烧火箭发射器"。

M202 燃烧火箭发射器设计的主要目的在于使单兵具备在便携式气流火焰喷射器的有效距离外发射燃烧弹药打击目标的能力。它一经出现，就在很大程度上取代了美军传统的"背包"式火焰喷射器，使步兵不仅能够攻击近距离的目标，还可以从更远的位置对目标进行精确的火焰攻击，在增加威力的同时也提升了射手的生存概率。

M202 燃烧火箭发射器这种"另类"火焰喷射器的出现并非是偶然的。20 世纪 60 年代至 80 年代是火焰喷射器激烈变革并飞跃发展的时期，美国另辟蹊径研究不一样的燃烧机制，并且探讨设计新的武器概念。美国挑起的越南战争，更是加速了这样的一个进程。

在越南战争中，越南人民军的丛林战术让美军大吃苦头，如何对躲藏在树林或地道的越南人民军进行有效打击是一个很大的问题。为了解决丛林问题，美军大量使用燃烧弹进行焚烧，甚至喷洒橙剂毁灭森林，让游击队无所遁形，但这些举措的整体效果并不是太好，美国陆军士兵面对丛林中的游击战术仍显得十分被动。

在太平洋岛屿上大发神威的火焰喷射器，直接挪移到越南的热带雨林之中，天生就有些"水土不服"，在实际作战中发挥作用并不明显。根据这种情况，美军迫切需要一种可以由单兵使用、可以在丛林作战的火焰喷射器，以支援步兵进入越南的丛林展开作战。由此，美国军队从反坦克火箭等武器中得到启发并展开紧急研发，并于1960年将单兵便携式4管多发火箭弹式火焰武器投放越南战场，这便是M202的初始型号XM191燃烧火箭发射器。

XM191燃烧火箭发射器采用了革命性的4管设计，但它采用的弹药为凝固汽油弹，威力略显不足，经过部分改进后正式定型为M202。相比美国陆军之前装备的压缩气体动力液柱式火焰喷射器，改进后的M202燃烧火箭发射器战斗全重更轻（战斗全重12.07千克，M2火焰喷射器装满油料重30.8千克），射程也要远得多（打击点目标时的有效射程200米，最大射程 750 米，M2 火焰喷射器射程只有区区 40 米）。

M202 燃烧火箭发射器的设计和布局比较简单。它由外筒、前后护盖、击发机构、瞄准具和特制的燃烧火箭弹组成。外筒是一个方形箱体、前后均有一个向下翻折打开的护盖。其中，前护盖向下打开后可当作简易支架使用，后护盖打开后可当作肩托使用。整个发射筒的结构与反坦克火箭筒差不多，只是为了减轻重量，前筒采用玻璃钢材料，后筒采用铝制材料。

M202 发射器有 4 个发射筒，均固定在主框架上，用护带缠绕后构成整体的护壳。在全部折叠的形式下，M202 发射器更像一个金属容器而不是武器。M202 的击发机构为一个手枪式握把，位于箱体的下方，前部还有一个大号扳机，击发机构采用棘轮传动。

比较特殊的是，M202 发射器具有选择性射击的能力，它采用联动式的发射装置，即每扣动一次扳机，传动的棘轮即刻转动 90° 并带动凸轮轴组件解脱击针。它有两种射击模式供射手选择，一种是单发模式，另一种则为连发模式，采用连发模式时，可在 1 秒内连发 4 枚燃烧火箭弹。除此之外，还有一种混合射击模式，即在主发射模式下，每次扣动扳机都会发射一枚弹药，在二次发射模式下，它会立即发射所有装载的弹药。

除了在发射时进行射击选择和完成击发外，M202 燃烧火箭发射器的击发机构还可以充当运输过程中的保险使用。在携行运输时将击发机构的小握把折叠起来后，扳机便无法扣动，保证了武器装备的携行安全。

M202发射器的瞄准装置采用反射式光学瞄准镜，结构非常简单，为无放大倍率的单眼瞄准装置，只在一块平板玻璃上刻有瞄准分划，每100米为一个间隔，最大表尺射程500米。瞄准镜位于武器的左上方，方向朝前，在不使用时可以折叠。由于该瞄准镜装在发射器左侧，因此M202发射器只能用右肩支撑，并用右眼瞄准射击。

除了对点目标打击的有效射程为200米外，M202燃烧火箭发射器在打击区域目标（如打击一个

M202发射器只能用右肩支撑，右眼瞄准射击

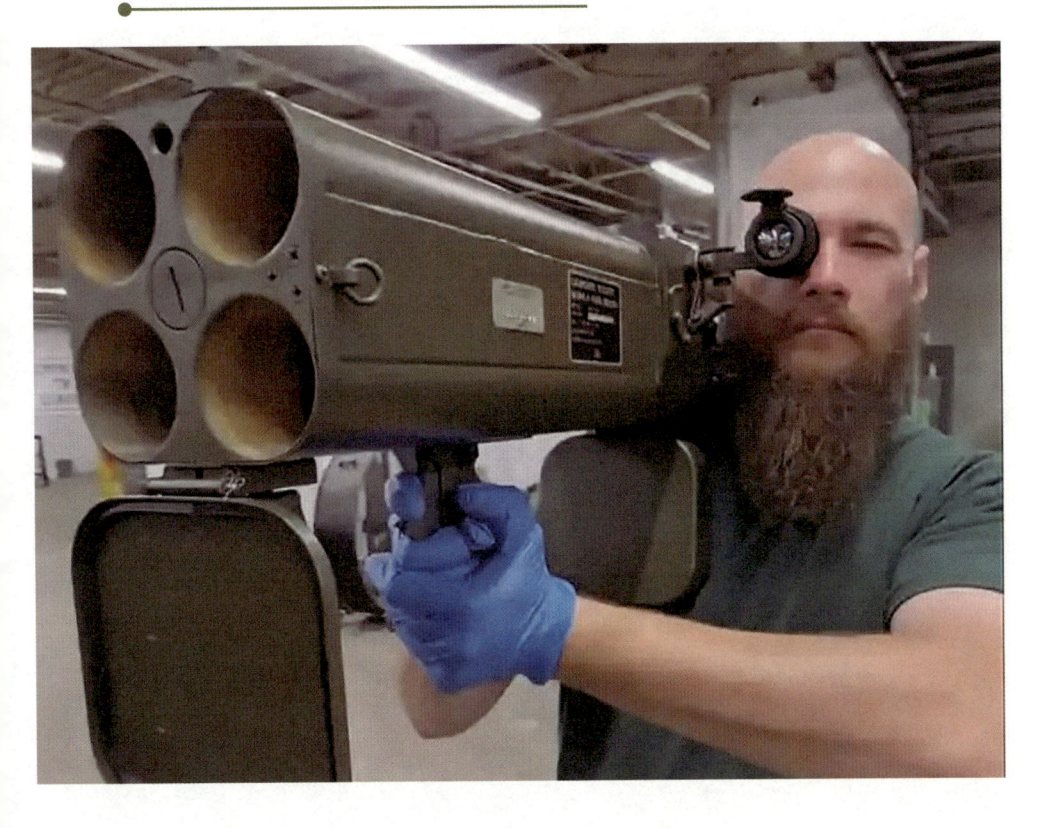

步兵班）时有效射程为 500 米，最大射程为 750 米，在这个距离上的 M202 只对区域目标有打击效果。

M202 发射的燃烧火箭弹平时封在密封的内筒中，内筒为前玻璃钢、后铝合金的材料制成，兼作弹药包装筒。内外筒可以伸缩，4 发弹药为一组，发射前需要打开发射器外筒前后盖，将 4 联装的内筒拉开并插入发射器后方固定即可进行肩扛发射。

M202 燃烧火箭发射器的内筒设计源自 M72 反坦克火箭筒，连发射的燃烧火箭弹口径也都和 M72 一样，只是 M202 发射的弹药由破甲战斗部改为燃烧战斗部，M202 发射器内筒也可兼容发射 M72 火箭筒的破甲火箭弹，二者也算是"同宗同源"了。

美军使用 M202 火箭发射器可伸缩的内筒（与美国 M72 反坦克火箭筒类似）

虽然 M202 发射器在定位上是一款名副其实的"火焰喷射器",但由于 M202 发射器采用的是纯火箭原理,其在狭窄空间或操作员正后方有大型垂直障碍物的情况下发射依然过于危险。

根据测算,M202 发射时后向爆炸的危险区域大约是操作员身后 15 米 ×15 米的一块正方形区域,发射前必须清除该区域内的人员和易损设备或弹药。此外,危险区正后方还有一个顶部 15 米、底部 38 米、纵深 25 米的圆锥形区域,这个区域内的人员依旧有受伤的可能,在实际上形成了一个有危险的"警戒区"。人员可以安全地待在这个区域,但需要注意保护眼睛和耳朵(注意防止被弹药尾火掀起的碎片)。虽然从理论上讲,M202 发射的火箭可以直接越过友军的头顶上空发射,但由于其弹药填料的易挥发性质,这种做法是不可取的。

从威力上讲,作为一种燃烧弹投射武器,M202 发射的主用弹是 M74 火箭筒的 66 毫米燃烧火箭弹,该弹固体火箭发动机部分和 M72 反坦克火箭筒的破甲火箭弹完全一样,但是战斗部使用了 0.6 千克增厚烟火剂填充。其内装燃料是稠化三乙基铝燃烧剂(被称为 M235),中心有炸药管,撞击目标时碰炸引信动作引爆炸药管,炸开战斗部外壳将三乙基铝燃烧剂抛出并点燃,形成大面积的火焰打击效果。

这种铝基燃烧化合物是一种有机金属化合物,纯品为液体,挥发性很强,与空气接触后立即燃烧,遇到空气能剧烈自燃,遇到水会爆炸,燃烧时能产生 1200℃～2200℃的高温,比凝固汽油的燃烧温度更高，处于"白热"状态，即使没有直接接触飞溅燃烧的液滴，只要靠近火源一定距离也会被强烈的光辐射灼伤。哪怕用沙土掩盖后外露仍能自燃，难以扑救。

虽然具有强烈的"热效应"，但理论上这样一款燃烧火箭弹不具备反装甲能力，由于它并不是作为一种穿透性弹药设计的，66毫米燃烧火箭对车辆装甲和大多数硬目标基本上是无用的，只能说"术业有专攻"，破坏装甲的任务还是要交给"专业的"破甲弹。

虽然M202的燃烧火箭弹不能穿透特别坚硬的障碍物，如石头、砖或煤渣砖等，但是它会在撞击这些目标时爆裂或粉碎，轻易穿透大多数玻璃、25毫米厚胶合板甚至是某些木门。燃烧火箭弹的弹头采用的冲击引信在穿透固体物后几乎会立即引爆，从而产生强大的空中火球，可以在几秒钟内将一个大的室内空间变成温度高达1200℃的"死亡熔炉"。

虽然66毫米火箭弹对装甲板不会造成影响，但依然可以对装甲车辆造成重大伤害。其使用的M74燃烧火箭弹爆炸产生的高温火球也能烧坏履带式车辆的挂胶履带、负重轮橡胶外缘和轮式车辆的轮胎。如果弹丸击中发动机甲板或后格栅，理论上讲，就连坦克也有可能被M202直接击毁，加之三乙基铝燃烧温度很高，挥发性很强，起火后很难扑灭。

M202燃烧火箭发射器的口径为66毫米，发射器携行状态长635毫米，战斗状态长939毫米。虽然体型看起来庞大，但它采用当时较为先进的玻璃钢材、铝合金等，因此空重仅为5.2千克，可发射的弹种也比较全面，有破甲弹、燃烧弹、毒气弹等。由于它能

MELEE WEAPON ★ 碉堡终结者——火焰喷射器

红色的为 M74 燃烧弹，其上方黑色的是 M72A1 破甲弹

够在 1 秒内连发 4 枚火箭弹，因此 M202 发射器火力覆盖能力极强。

和单兵一次性反坦克火箭筒类似，M202 发射器在美军中属于不占编制的供取用武器，一般的步兵连共储存 9 具，需要时每个步兵排配发 1 具，平时不指定专门的射手，只抽调部分步枪手进行操作训练，配发时直接交给 1 名训练过的步枪手，并取代他原本的武器。

虽然与老式火焰喷射器相比，M202 燃烧火箭发射器十分轻便，但它体积较大，加上 M74 燃烧火箭

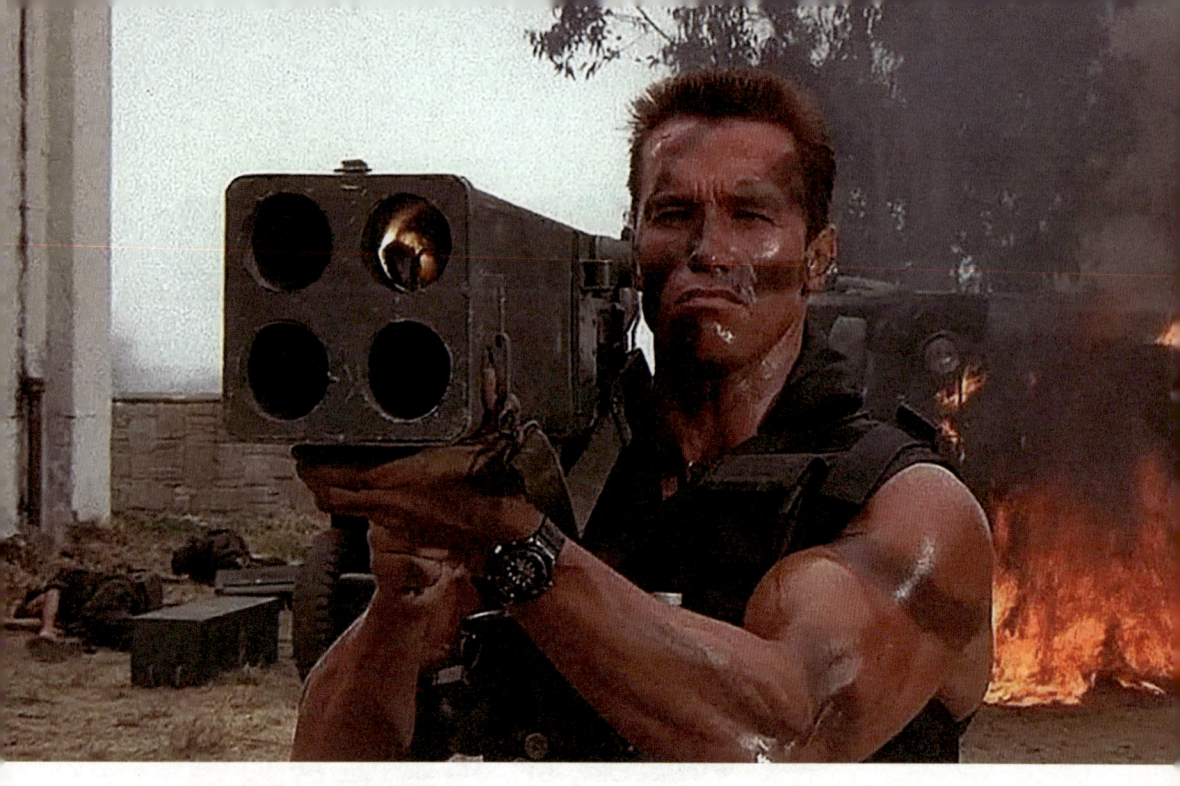

施瓦辛格手持 M202 火箭发射器剧照

弹的战斗部装药为液态三乙基铝，如果储存、运输、装卸时火箭弹外壳破裂，泄漏出来的三乙基铝会立刻自燃造成巨大破坏，因此美军装备的 M202 发射器和配套弹药大部分都被列入了"储备武器"的范畴，平时很少配发，也很少开展实弹射击训练，实战部署也不多。

在越南战争期间，M202 发射器所采用的燃烧火箭弹具备高达 500 米的有效射程，使其能够在避免暴露于敌方直射火力的情况下进行有效打击。相较于传统的液体燃料火焰喷射器，M202 发射器不仅重量显著减轻，机动性能更为优越，而且射击精度也大幅提升。基于其在丛林作战中的显著效能，该武器系统被誉为"丛林毁灭者"。

步兵克星——
俄罗斯"什米尔"单兵云爆火箭筒

从 M202 燃烧火箭发射器可以看出,现代的火焰喷射器存在多种多样的设计模式,各具特色,性能也不尽相同。自 20 世纪 70 年代以来,美国、苏联等国家发展的火焰弹式火焰武器,均具有射程远、重量小、发射速度快等优点。在这些新式的火焰喷射器里面,俄罗斯(苏联)设计制造的"什米尔"(赤眼蜂)单兵云爆火箭筒就是一款不可多得的优秀武器。

"什米尔"单兵云爆火箭筒,全称为"步兵使用的火箭式火焰喷射器",虽然归类为"火焰喷射器",可是这款武器无论是外观、使用方式和作战威力上都几乎与火箭筒相当,与火箭筒最大的区别还是发射的弹药有所不同。为了将其与火焰喷射器和火箭筒这两种武器区别开来,特意将其发射的弹丸称为"单兵云爆弹",而发射器则称为"什米尔"单兵云爆火箭筒。

云爆弹,全称为燃料空气弹药,是一种通过燃料与空气混合后爆炸产生巨大冲击波的弹药。由于这种弹药发射到目标区域后会先形成一层云雾状的物质,然后再次起爆形成巨大气浪,从而达到摧毁建筑物、森林,杀伤人员等战斗效果。"云爆弹"又被人们称为空气炸弹、燃料空气弹、温压弹、气浪弹、油气弹等。

云爆弹的出现被认为是常规弹药的重大发展。它的破坏作用原理主要是超压场,即利用超过大气压力

"什米尔"单兵云爆火箭筒

的压力场来达到破坏目的,其次才是温度场和弹药的破片。虽然云爆弹在爆炸时直接产生爆轰波的最大爆轰超压值要比普通炸药低,但由于其爆轰反应时间(包括爆燃反应时间)高出普通炸药几十倍,因此产生冲击波的效率更高,破坏作用比起普通炸药要大得多,作用面积也要更大。

1988年出现的"什米尔"单兵云爆火箭,初始型号被公认为是1969年苏联研发的MO-25"猞猁"(也被译为"山猫")火焰喷射器。

1969年,苏联国防部发布了研制新型火焰喷射器的命令,旨在取代从20世纪50年代之后开始装备的LPO-50背负式火焰喷射器,同时要求这种新型喷火器要确保火焰覆盖100米射程以内的所有目标。

经过研究,设计师们很快得出结论,要达到这样的战术效果,需要使用炮弹将可燃混合物发射到目标附近。基于这个考虑，设计师们建议将可燃混合物放入铝制薄壁弹体。虽然这个理论受到了一定的质疑，这种新型薄壁弹体火焰喷射器的原理最终还是得到了支持。由此，代号为MO-25的"猞猁"火焰喷射器便诞生了。

"猞猁"火焰喷射器是一种可重复使用的武器，采用了反坦克火箭筒的相应机构，设计使用寿命可以发射100枚火箭弹。弹药筒采用复合材料制成，需要连接到发射器后部才可以完成发射动作，射程可达400米。弹药发射后，由于设计的原因，弹体会喷出少量可燃混合物并点燃，会在空中留下明显的燃烧弹道。

云爆弹的爆炸瞬间

当弹体击中目标时，撞击引信会引爆弹体内的可燃混合物，多达 4 升的可燃混合物会覆盖长 30～40 米、宽 3～4 米的区域，从而确保摧毁目标。就毁伤效能而言，"猞猁"火焰喷射器发射的弹体威力不亚于一枚 152 毫米的重型炮弹。

1988 年，经过不断的改良和发展，重量更轻、一次性使用的"什米尔"诞生了，彻底取代了原本的 MO-25"猞猁"火焰喷射器。俄罗斯的"什米尔"（赤眼蜂）单兵云爆火箭筒作为新一代的火焰喷射器，采用了当时最先进的技术和工艺制造，以出色的性能赢得了一线士兵的广泛赞赏。

苏军装备的 MO-25"猞猁"火焰喷射器

作为一种步兵携行使用的武器，"什米尔"单兵云爆火箭筒主要用于配合步兵分队进行攻坚作战，摧毁掩体、建筑物、轻型装甲车辆及杀伤有生力量等敌方目标，采用的弹药依旧是云爆弹，只是它进行了一次大胆的尝试——将普通云爆弹需要的2次起爆简化且合并为一次起爆。

现代科学研究证明，任何燃料当它在空气中的浓度（固体的粉末或者液体的雾滴）达到一定值时，都可以通过一定条件达到燃点并转为爆轰的状态，甚至可以直接进入爆轰状态，如同以前矿井的瓦斯爆炸、面粉厂的面粉或纺纱厂发生的粉尘爆炸一样。

云爆弹的燃料具有点火能量较低、与空气混合时易达到爆炸极限浓度、爆炸极限浓度范围较宽及爆轰时所产生的热值较高等特点，普通云爆弹需要2次起爆才能达到最终的效果。第一次起爆是通过爆炸反应，将其自身携带的燃料抛散成雾状，第二次起爆则是将第一次起爆后达到最佳状态的雾团引爆成为爆轰反应。普通云爆弹的战斗威力大小取决于第一次起爆时对燃料抛散的均匀性、成雾的状态和第二次起爆时间的准确性，其爆炸威力受到的限制较多，因此这种弹药的可靠性不高。

有鉴于此，俄罗斯的设计师们做了成功的尝试，他们把固体（粉末状）和液体燃料混合在一起，只用一个引信和简单的爆炸装药便完成了对燃料的抛洒和点火的全过程，燃料的微粒（固态）和雾滴（液态）在点燃后开始爆燃，进而直接转为爆轰，由此便成功地将"两次爆炸"合并成了"一次爆轰"。

"什米尔"单兵云爆火箭筒及云爆弹

　　由于"什米尔"单兵云爆火箭筒属于一次性使用的武器，待弹丸飞离发射筒口后，弹药本身的发动机或后抛或留在筒内，连同发射筒一起都可以放弃。

　　作为一款"筒式"武器，"什米尔"单兵云爆火箭筒与普通火箭筒的主要不同是其弹丸采用了浮动发动机，也就是说"什米尔"的弹药发动机有前喷口与后喷管2个通道，前喷口喷出的火焰会在发射筒、弹丸与发动机之间建立起一个工作压力区，推动弹丸飞出发射筒，并赋予发动机一个向后的作用力。与此同时，向后喷出气体的反作用力对发动机有一个向前的作用力，从而使发动机在发射筒内得到平衡，并使武器不产生后坐力。这样看来，"什米尔"单兵云爆火箭筒可以算是一款结合了无后坐力炮和火箭筒的单兵便携式武器。

"什米尔"单兵云爆火箭筒的瞄准机构采用准星照门结构,在战斗编组中,每个步兵班还会配有一个带测距功能的瞄准镜,用以进行精确射击。如果要在强攻作战条件下掩护士兵更容易地接近敌人或者转移阵地,它还可以采用烟雾弹,所用烟雾弹实际上就是把云爆剂改为发烟剂类弹药,使用的是相同的发动机和发射筒,弹药互换相对比较简便。

"什米尔"单兵云爆火箭筒属于不占用编制的一次性武器,一个战士平时可背1至2具。它威力大、可靠性高,对人员、设备有较强的毁伤能力,尤其是当它在半封闭空间内爆炸时,对建筑物的破坏力比常规弹药要大得多,特别适合用于摧毁掩体和城市建筑物等目标。它还可以从房间内向外射击(后方需距墙

俄罗斯士兵肩扛"什米尔"

5米远），这样的设计也便于在城镇战斗中使用。

"什米尔"单兵云爆火箭筒虽然威力巨大，依然也有不足之处。它的重量较大，单发装就有12千克，双联装达到24千克，单兵携行虽然没有问题，但是对弹药的携带数量还是会产生一些影响，其远距离射击精度也不是十分理想。

"什米尔"作为火焰喷射器中的杰出代表，为火焰喷射器的发展开辟了一条全新的技术路径。在世界武器发展史上，该武器系统具有重要的里程碑意义。

俄罗斯士兵发射"什米尔"